中国海绵城市建设创新实践系列（总策划 刘宏伟）

海绵之路
——鹤壁海绵城市建设探索与实践

THE ROAD TO SPONGE CITY IN HEBI: 2015-2020

马富国　主编

中国建筑工业出版社

编委会

序

巍巍太行鹤舞城，桧楫松舟水茫茫。从《诗经》中走出来的千年历史文化名城鹤壁，自古因水而兴。近代，随着煤炭资源的开采，带动了城市和经济的飞速发展。

与此同时，作为一座典型的传统资源型城市，也逐渐面临着资源枯竭、环境恶化的困局。因此，生态转型、高质量发展是其必然的选择。在生态转型的过程中如何平衡生态保护与经济发展，传承历史文化，是鹤壁避不开的问题。而鹤壁在新时代也迎来了新的"海绵契机"。

自2013年12月习近平总书记在中央城镇化工作会议上提出"要建设自然积存、自然渗透、自然净化的海绵城市"以来，鹤壁积极投入、深度参与海绵城市的建设中来，并成功申报了第一批海绵城市试点城市。通过不断转变发展理念，探索出一条特色的海绵之路，不断向生态宜居的新城转型发展。

2019年4月9日~10日，我有幸带队赴鹤壁进行终期绩效评价现场复核。通过审阅历年的规划文本与现场工程项目考察发现，鹤壁在过去4年的海绵城市建设过程中，从最初的摸索与实践，到日臻成长与成熟，其建设管理模式日趋科学、系统、标准，是建设成果突出的试点城市之一，取得了可喜的成绩。

本书由鹤壁市推进海绵城市建设领导小组办公室编著而成，它以历年一线实践经验，通过翔实资料、细致论证、典型案例等展现鹤壁海绵城市建设过程中的探索与实践经验，图文并茂地记录了自初心愿景至规划设计，再至规划实施、试点成效的实践历程，归纳总结了试点探索经验，兼具理论性与实践性、学术性与艺术性。展阅书籍，可以真切地感受到鹤壁海绵城市建设的满腔热忱。

他山之石，可以攻玉。鹤壁的"海绵之路"可为华北地区同类城市乃至全国提供借鉴、推广的经验和模式。

中国科学院院士

武汉大学海绵城市研究中心主任

2019年5月16日

前　言

在全国上下深入学习贯彻习近平新时代中国特色社会主义思想、加快推动高质量发展的新形势下，在鹤壁生态文明建设进入快车道、高质量发展城市建设开启新篇章的关键时期，《海绵之路——鹤壁海绵城市建设探索与实践》一书正式出版发行了。本书从鹤壁人水关系历史溯源入手，结合鹤壁海绵城市试点申报之时所面临的问题与需求，详细介绍了试点建设的背景和初心，系统解读了引领海绵城市建设的顶层设计、规划方案，深入阐述了推进海绵城市建设的体制机制和模式，全面展示了海绵城市建设的成效，归纳总结了试点建设过程中形成的可复制、可推广的"鹤壁经验"，并对海绵城市建设进行了深度思考，希望能为全国尤其是华北地区同类城市提供借鉴和参考。

海绵城市是指通过加强城市规划建设管理，充分发挥建筑、道路和绿地、水系等生态系统对雨水的吸纳、蓄渗和缓释作用，有效控制雨水径流，实现自然积存、自然渗透、自然净化的城市发展方式。建设海绵城市，是党中央、国务院推进生态文明建设的重大举措，是习近平生态文明思想的重要组成部分，也是推动生态环境高质量的重要体现、城市建设高质量的重要要求、人民生活高质量的重要载体。

高质量发展是时代主题，生态文明建设是千年大计。鹤壁市委、市政府始终将生态文明建设摆在全局突出位置，提出的建设高质量富美鹤城核心目标之一就是"生态美"，提出的创建高质量发展城市"五个示范区"其中之一就是全国全域生态环保示范区。2015年4月，鹤壁从全国33个申报城市中脱颖而出，成为全国首批、河南省唯一的海绵城市建设试点。几年来，鹤壁市把海绵城市试点建设作为推进生态文明建设、建设高质量发展城市的有力抓手和有益探索，以习近平新时代中国特色社会主义思想为指导，深入践行习近平生态文明思想，在住房和城乡建设部、财政部、水利部等支持帮助下，按照《海绵城市建设技术指南》和《关于推进海绵城市建设的指导意见》的要求，坚持规划引领、标准规范、项目支撑、法治保障，在探索中前行、在实践中创新、在总结中提升，走出了一条独具特色的海绵之路，形成了雨污分流改造5个"应"、政府主导技术创新3个"有"、平原区内涝防治4个"有"、跨地块雨水协调控制、立法保障促长效推进的"鹤壁经验"，城市人居环境显著改善，良性水文循环初见成效，历史水脉文化传承发扬，人民群众获得感大幅提升，高质量发展呈现新篇章。

鹤壁海绵城市试点建设的圆满完成和良好成效，得益于住房和城乡建设部、财政部和水利部的关心厚爱，得益于河南省委、省政府的大力支持，得益于住房和城乡建设部城建司、河南省住房和城乡建设厅的精心指导，得益于各位领导、专家、学者们的鼎力相助，得益于奋斗在一线的工程管理人员、设计人员、施工人员的辛勤付出。在《海绵之路——鹤壁海绵城市建设探索与实践》一书出版之际，我们由衷地向一直以来关心支持鹤壁的领导、专家、学者和工程技术人员表示感谢！

凡是过往，皆为序章。海绵城市试点建设的完成，并不代表着海绵之路的结束，而是意味着新征程的开启。当前，鹤壁正在加快创建高质量发展城市"五个示范区"、深入开展"六城联创"，海绵城市是其中应有之义，"海绵之路"将成为鹤壁未来城市发展中长期坚守的道路。我们相信，借助海绵城市试点建设期间形成的好经验、好做法、好机制，鹤壁的海绵之路一定会越走越宽广，高质量发展城市的美好蓝图一定能早日实现！

中共鹤壁市委书记　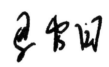

目　录

壹
ONE

初心願景篇
INITIAL VISION

第1章

豫北明珠：鹤舞之城

鹤壁市位于河南省北部，太行山东麓，与华北平原接连（图1-1）。1957年建市，总面积2182km^2，总人口180万人，城镇化率58.76%。辖浚县、淇县、淇滨区、山城区、鹤山区5个行政区和1个国家经济技术开发区、1个市城乡一体化示范区、4个省级产业集聚区。

历史悠久、底蕴深厚。作为华夏文明的腹地，鹤壁的历史最早可追溯到3000年前的商朝，且相传因"仙鹤栖于南山峭壁"而得名。作为一座文明古都，殷商四代帝王，周朝魏赵两国在此建都长达500余年，且曾发生、演绎过《封神演义》的故事。中华民族50余个常见姓氏起源于鹤壁。全国最早、北方最大的北魏大石佛，世界文化遗产鹤壁大运河，浚县遍布的名胜古迹，盛于宋代的鹤壁瓷，以及延续了1600多年的华北第一古庙会——浚县正月庙会等物质与非物质文化遗产记录着中原文化与民俗的时代传承。

人杰地灵，先贤辈出。鹤壁不仅是朝歌三人箕子、比干、微子的家乡，中华儒商鼻祖端木子贡的故里，荆轲的生长地，也是往哲先贤隐居修为的圣地。鬼谷子王禅在云梦山讲授文韬武略，培养出苏秦、张仪、孙膑等一批著名的军事家、纵横家；孙思邈在此潜心研究，成就《千金要方》；罗贯中在此隐居著述，创作《三国演义》（图1-2）。

资源丰富，禀赋良好。鹤壁已探明煤炭储量17.4亿t。金属镁的原料白云岩储量7.1亿t，其品位高、杂质少。水泥灰岩储量3.1亿t，新型干法水泥年产能400万t。水资源总量15.41亿m^3，其中年可利用水量7.73亿m^3，盘石头水库总库容6.08亿m^3。耕地158万亩，其中基本农田135万亩，粮食总产稳定在110万t以上，人均畜牧业产值、肉蛋奶产量等指标连续20多年居全省首位。

交通便捷，区位优越。鹤壁自古就是兵家战略要冲，而今成为晋冀鲁豫十三市几何中心。地处中原经济区衔接、联系环渤海经济圈的前沿，南距新郑国际机场130km，东距天津、青岛、连云港等港口500km，京广铁路、京港澳高速公路和107国道纵贯南北，山西至濮阳等干线公路及在建的连接山西能源基地和山东出海口的晋豫鲁铁路、连接河南和山西的范辉高速横穿东西，铁路、高速公路"双十字"大交通格局正在形成。以鹤壁为中心的2h高铁经济圈通达北京、西安、武汉、徐州等地，人口覆盖超4亿人。

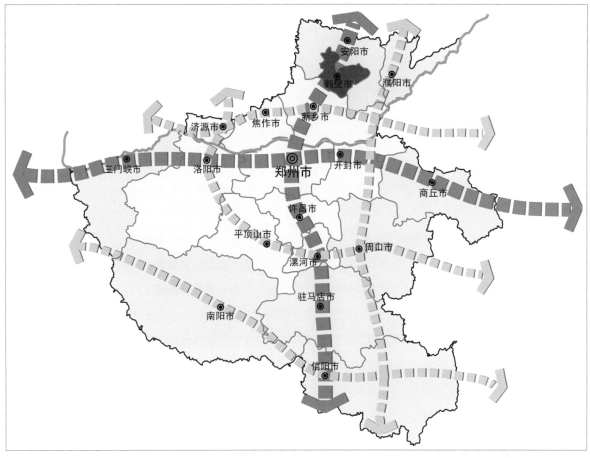

图1-1　鹤壁市区位图

图1-2　云梦山一景（袁一帆　摄）

环境优美,生态宜居(图1-3)。鹤壁因坚守生态和环境底线,发展和保护相得益彰,荣获"国家森林城市""国家生态旅游示范区"等一系列称号,成为全国首批循环经济示范市、国家新型城镇化综合试点市、整建制创建的国家现代农业示范区域等40多个国字号示范试点。主城区三季有花、四季常青、推窗见绿、开门见园,是全省人口密度最小、人均占有公共绿地面积最大的城区。穿城而过的淇河被誉为北方漓江,两岸山清水秀、盛景不尽。绿色、低碳、循环的理念已融入人们的生产、生活。森林覆盖率、空气质量优良率、城市饮用水源地水质达标率等生态环保指标均居全省前列。公众安全感、满意度全国领先,城镇居民幸福指数位居全国前列(图1-4)。

创新驱动,活力特色。鹤壁着力构建新型产业基础和新型城市骨架,产业结构持续优化,清洁能源与新材料产业加速升级,拥有全国一流清洁能源煤化基地。绿色食品、航天食品产业迅猛发展,汽车零部件与电子电器产业快速崛起,镁精深加工、现代家居产业比翼齐飞,休闲旅游、新型物流、网络经济、文化创意、健康养老等现代服务业加快发展,现代农业粮食高产创建、农业标准化和信息化全国领先。新型城镇化成效明显,老城区环境改善、功能提升,县城、重点镇辐射带动能力增强。

鹤壁,传统和现代相互融合,发展和保护相得益彰,创新与活力相辅相成,正迅速从华北平原上崛起,成为城市功能完善、社会治安优良、宜居宜业宜游的生态之城(图1-5、图1-6)。

图1-3　朝歌文化园

图1-4　城市道路一景

图1-5　大伾山

图1-6 主城区城市风貌鸟瞰图

第2章

名城名水：一座因水而生的城市

淇河是鹤壁的水源地、母亲河，在本地有"淇河的鹤壁，鹤壁的淇河"之称。淇河发源于山西省陵川县棋子山，入豫后经辉县、林州后进去鹤壁城区，并从鹤壁淇县淇门入卫河，全长161km。河水流经太行山脉形成独特的淇河风光，"水影山光，胜过桃源"，享有"北国漓江"美誉。

2.1 古代：因淇而生 因淇而兴

在远古时期，淇河成为人们赖以生存的重要资源。早在七千多年前新石器早期，就有人类在这里居住，并形成了独具风骚的淇河文化，成为中原文化的重要组成部分，因此称鹤壁"因淇而生，因淇而兴"（图2-1~图2-3）。

淇河文化源远流长，并孕育了著名的诗经文化。《诗经》中描绘淇河两岸风土人情和自然风光的诗歌多达39篇，其中脍炙人口的"淇水滺滺，桧楫松舟，驾言出游，以写我忧"等诗句均与淇河有关，其美妙令人神往。

淇河又是中华民族的发祥地之一，是一条文化底蕴深厚的河流。它孕育过一代

图2-1 远古时期的淇河

图2-2　淇河一景

图2-3　淇河自然风光

商王朝，哺育过众多英杰。大禹、周文王、鬼谷子、王梵志、花木兰、许穆夫人、黑山军首领张燕、唐代诗人王维、明末文豪罗贯中等都曾在此留足。

我国第一位爱国女诗人许穆夫人曾写下思念家乡和淇河的美丽诗篇"淇水滺滺，桧楫松舟，驾言出游，以写我忧"。我国古代许多著名诗人，如李白、杜甫、王维、苏轼、司马光、刘璟等都作有咏喻淇河的诗词。如李白的"淇水流碧玉，舟车日奔冲"，杜甫的"淇上健儿归莫懒，城南思妇愁多梦"，王维的"屏居淇水上，东野旷无山"，苏轼的"惟有长身六君子，潇潇犹得似淇园"等。

我国文学四大名著都在书中描述到淇河，颇为罕见。如《红楼梦》第一回"大观园试才题对额，荣国府归省庆元宵"中，贾政的门客在为大观园中一景题匾时建议用"淇水遗风"；《三国演义》第三十二回"夺冀州袁尚争锋，决漳河许攸献计"中，曹操因作战之需，下令"遏淇水入白沟，以通粮道，然后进兵"；《西游记》第六十五回"荆棘岭悟能努力，木仙庵三藏谈诗"中诗曰："淇澳园中乐圣王，渭川千亩任分扬"。罗贯中晚年隐居淇河许家沟完成了《三国演义》，其中有多处对淇河及沿岸场景的描写。

2.2　近代：引淇开渠　发展农业

在近代（20世纪），伴随着农业文明的进一步发展，借助日益进步的工程技术，人们开始尝试修建水利设施来提升灌溉能力。

1914年，袁世凯计划修复彰德天赉渠。袁世凯的幕僚徐世昌（1855—1939年，祖籍浙江，后移居天津，其曾祖父、祖父在河南为官，出生于河南省卫辉府府城曹营街寓所，成长于河南。前清举人，后中进士。袁世凯的重要谋士、盟友，互为同道）认为淇河底坚流清、不易淤垫，灌溉农田更为有利，建议引淇水作渠。通晓水利的谢仲琴（袁世凯幕僚，河南商丘人）受托到淇河考察水势与地形，认为修渠动议可行。1915年（民国四年）春动工兴建，谢仲琴任技术员，组织施工。工程未及半，袁世凯、谢仲琴相继去世。谢仲琴之弟谢季玙继任，继续组织施工，并于1917年修建完成。

天赉渠名有三则出处。一是因于大赉店村引水入渠，取"周有大赉（据古书记载，周武王灭商纣后，'散钜桥之粟，大赉天下'）之意"，故名天赉渠。二是袁解职前曾在彰德北郊洹河北岸购置一处豪宅，引漳河天赉渠灌田之水入园内，取天平渠之"天"字，故名天赉渠，意为"天之赏赐"。三是渠成记之"不自尚功，归功于天也"——此功应归于上天，故名天赉渠（图2-4）。

图2-4　天赉渠历史图片

天赉渠原干线出大赉店折向东南，经崔庄、靳庄东向南经钮庄村西至马公堂村北入淇河。干渠全长17km，地势高差10m，引水量每秒4~6m³，建拦水坝1座、闸门4座、尾闾闸1座、腾桥4座、路桥18座。但临告竣之日，适逢淇河决口，洪水泛滥，大部分工程被冲毁。汛期过后，徐世昌与谢季玙又重新筹资整修。

1916年春，天赉渠正式竣工通水（图2-5）。竣工后，特请琅琊人王彦宝绘《天赉渠图》，徐世昌题字。《天赉渠图》引起社会各界广泛关注，当时的政要达人徐世昌、张镇芳、徐世光、吴闿生、张伯英、王国维等纷纷题记，梁启超也在画幅左边题字：1927年6月1日新会梁启超敬观。

天赉渠由私人股份公司经营管理，办事处设在钜桥，"七七"事变后迁至靳庄（现为淇滨区长江路办事处桃园村），天赉渠的兴建是民国时期浚县水利史上的重要成就。

当时天赉渠灌区水系分别由天赉渠干渠、辛庄新支渠、臣投支渠等20条水渠组

图2-5 天赉渠渠首

成，实现将淇河水引入用以灌溉农田，成功解决了农灌问题，滋润灌区良田3.5万亩，促进了区域农业的发展。

2.3 现代：水润鹤城 翡翠项链

到了现代（21世纪），伴随着城市发展，原先的农田逐渐变为城市用地，农灌渠也成了城市景观河。

1994年4月，护城河开挖，北起盖族沟、南至淇河，总长12.1km。护城河既是棉丰渠（一支渠）、二支渠的泄洪河道，又兼具城市景观及防洪排涝功能。1999年，鹤壁市政府迁入淇滨区（如今的主城区，海绵城市试点区所在区域）。同年，开始启动城区内主要灌渠的改扩建工作。2000年，二支渠完成整治，由农灌渠变为景观河（图2-6）。2002年，棉丰渠完成整治，由农灌渠变为景观河，护城河完成整治（图2-7）。

至此，在天赉渠基础上开挖的几条支渠共同组成了鹤壁城区水系网络，成为城市的"翡翠项链"，承担着城市景观和排涝功能，有效提升了城市环境，由此开启了"水润鹤城，翡翠项链"的人水关系。

图2-6　二支渠效果图

1994年：护城河开挖
1999年：市政府迁入
2000年：二支渠整治，由农灌渠变为景观河
2002年：棉丰渠整治，由农灌渠变为景观河
2002年：护城河整治

图2-7　主城区城市水系建设历程图

第3章

发展之殇：日益凸显的人水分歧

在天赉渠修建整整100年后，2015年4月，鹤壁成为国家第一批海绵城市建设试点，赋予了新时代背景下系统治水的历史使命。此时的鹤壁主要有四大特点与问题。

3.1 历史水脉保护压力大的传统水文化名城

淇河是鹤壁的水源地、母亲河，在本地有"淇河的鹤壁 鹤壁的淇河"之称。然而，随着城市发展，人类活动对淇河水环境造成的影响越来越多，淇河水环境压力越来越大。与此同时，城市开发建设导致天赉渠局段被侵占，丧失农灌功能，景观效果差，垃圾堆砌，保护和修复压力大、难度高（图3-1、图3-2）。

图3-1 城市建设日益逼近淇河

水域空间被侵占

图3-2 天赉渠水域空间被侵占

3.2 人居环境改善需求强的北方中小型城市

鹤壁为典型的北方城市，植物长势相对于南方城市先天不足。此外，由于城市规模小、财力有限，城市建设中基础设施、水系、公园绿地、建筑小区建设欠账较大，城市内河黑臭现象较为突出（图3-3）。因此，人民群众对于城市人居环境改善的需求极其强烈。

图3-3　城市内河原状照片

3.3 地下水漏斗亟待修复的华北平原型城市

鹤壁位于华北平原地下水漏斗南部（图3-4），常年超采导致地下水漏斗较为明显，浅层地下水埋深基本为10~20m。地下水漏斗现象不利于水文健康循环，亟待修复。

3.4 处在转型发展瓶颈期的资源枯竭型城市

鹤壁于1957年因煤建市，随着矿区发展，老城区周围基本上都是采煤塌陷区，城市发展受到制约，1999年市政府迁至淇滨区，鹤壁从资源型城市向生态型城市转型。在深入推进城市转型攻坚过程中，如何真正实现高质量发展、正确把握生态环境保护和经济发展的关系，是摆在市委、市政府面前的难题。

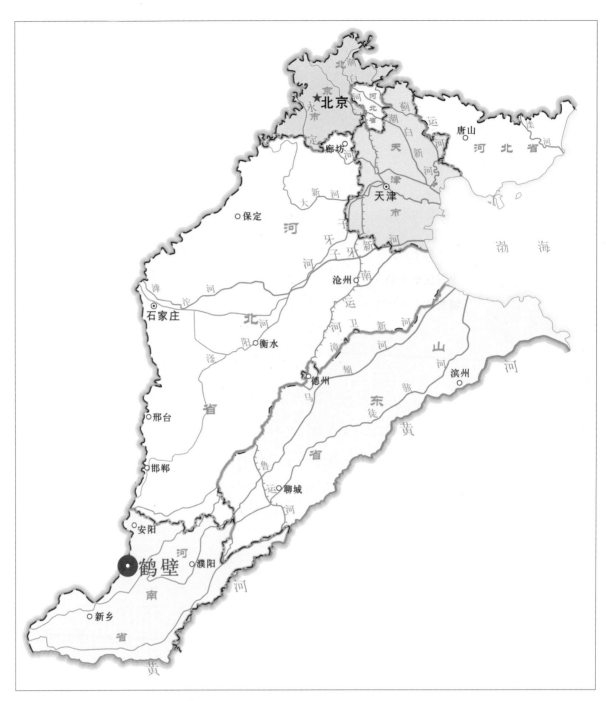

图3-4　鹤壁位于华北平原地下水漏斗区的位置

第4章

初心愿景：走向人水和谐

基于四大特点与问题，鹤壁将试点区选择在目前的主城区，并涵盖淇河、天赉渠等历史水脉，总面积约29.8km²（图4-1）。期望通过海绵城市试点建设，使海绵城市理念在鹤壁落地生根，并实现四大目标。

4.1 传承璀璨水文化，建设新时代人水和谐示范城市

在新的时代背景下，人水关系面临新的特点和问题，海绵城市建设成为鹤壁人水关系的转折点和新的起点。鹤壁期待借助海绵城市的理念，通过试点的建设，有效解决当前问题，实现人水和谐、水城相融，传承和发展鹤壁悠久、璀璨的水文化。

4.2 改善城市水环境，建设鹤壁与淇河的生命共同体

淇河是鹤壁的生存之本、发展之基，鹤壁与淇河是一个生命共同体。期待通过海绵城市建设，提升城市内河水环境，消除黑臭水体，保护淇河水环境，进而解决目前存在的"过境河流与城市内河水质反差两极端"的问题，实现鹤壁与淇河和谐共生。

4.3 提升百姓获得感，实现以人民为中心的发展理念

期待通过海绵城市建设，消除城市易涝点和水系卡脖子点，提升城市排水防涝能力，方便老百姓雨天出行，保障人身和财产安全；结合海绵城市建设，提升老旧小区和道路的整体环境，提升百姓幸福感、获得感，实现"以人民为中心"的发展理念。

4.4 助力高质量发展，以绿色生态理念推进城市转型

针对当前面临的资源枯竭后经济发展如何持续、环境压力越来越大、城市如何进一步发展等问题，期望通过海绵城市试点建设，转变发展理念，提升城市品质，助力鹤壁由资源型城市向生态型城市、环境友好型城市转型，实现从高速度增长到高质量发展的转变。

图4-1 海绵城市试点区范围

贰

TWO

顶层设计篇

TOP DESIGN

第5章

规划引领：一张蓝图干到底

为充分发挥海绵城市建设中规划引领作用，按照"总规定目标、专项定项目、控规定指标"的思路，在总规修编中，增设海绵城市专章；在专项规划、系统方案编制中，明确海绵城市建设项目；通过控规修编，将具体项目的海绵城市指标纳入控规图则。整体上，形成了城市总规、专项规划、城市控规的完整的、全流程海绵城市规划体系，为海绵城市建设提供坚实保障，实现"一张蓝图干到底"（图5-1）。

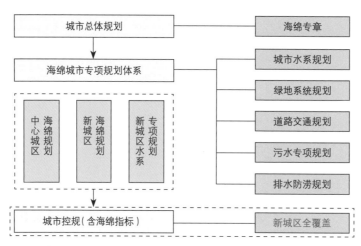

图5-1 海绵城市规划体系图

5.1 城市总体规划

2015年，在《鹤壁市城市总体规划》修编过程中，增设海绵城市专章，在总规中明确鹤壁市海绵城市建设总体目标，以及年径流总量控制率等强制性指标；并结合海绵城市专项规划的研究结果，统筹考虑低影响开发雨水系统、城市雨水管渠系统及超标径流排放系统，将水敏感区（水系、坑塘、洼地等）的保护要求纳入城市总体规划用地规划图中，从法定规划层面实现水生态敏感区的保护图（5-2）。

5.2 海绵专项规划

结合行政区域划分以及海绵城市试点区位于新区的特点，为保障海绵城市试

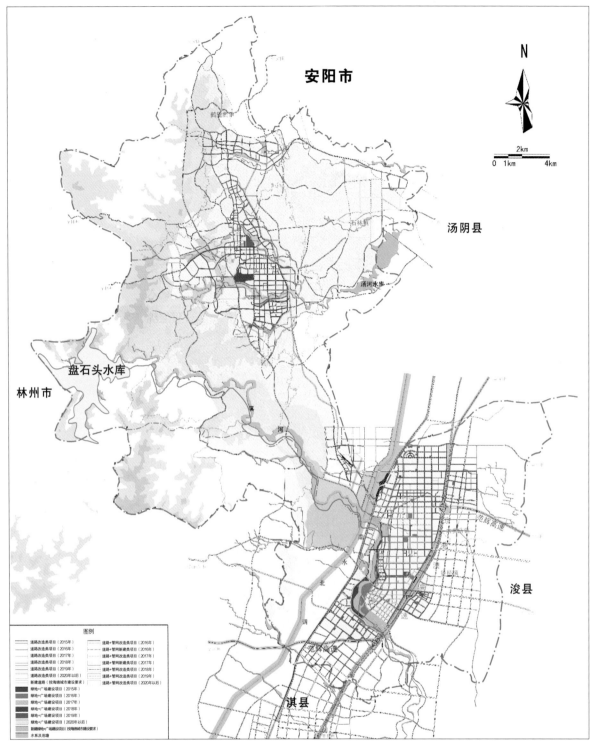

图5-2　中心城市海绵城市建设规划图
（来源：《鹤壁市城市总体规划》）

点建设工作有序推进，先后编制了《鹤壁市海绵城市建设专项规划（新城区）》和
《鹤壁市海绵城市专项规划》。同时，考虑到鹤壁市海绵城市建设最核心的问题是
解决城市内河水环境问题，以水环境改善与水生态修复为目标导向，根据住房和城
乡建设部、生态环境部颁布的《城市黑臭水体整治工作指南》的要求，编制了《鹤
壁市新城区城市水系专项规划》，按照"控源截污、内源治理、生态修复、活水提
质"的思路提出系统性的水系建设和水环境保持方案。总体上，形成《鹤壁市海绵

城市专项规划》《鹤壁市海绵城市建设专项规划（新城区）》《鹤壁市新城区城市水系专项规划》三位一体、各有侧重、相互补充的海绵专项规划体系。

5.2.1 规划范围与期限

规划范围为城市总体规划确定的城市规划区范围，包括鹤山区、山城区、淇滨区以及与城市发展关系密切的高村镇、淇河生态保护范围内庙口镇及黄洞乡的部分村庄，用地面积764.29km²，其中规划建设用地面积89.47km²（图5-3）。

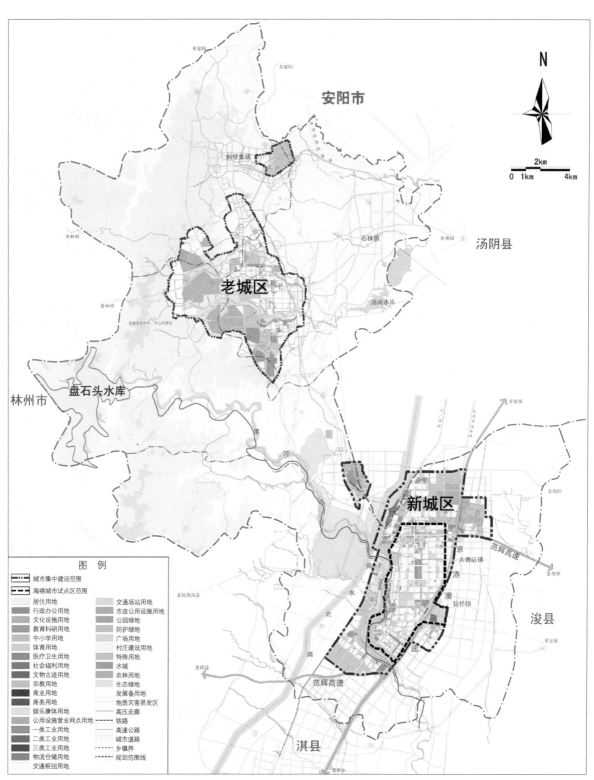

图5-3　海绵城市专项规划范围图

规划期限与总体规划保持一致，近期到2017年，远期到2020年，部分特定内容按相关要求扩展到2030年。

5.2.2 规划目标与指标

海绵城市建设的总体目标是：落实海绵城市发展理念，新建区以目标为导向、建成区以问题为导向，因地制宜采用渗、滞、蓄、净、用、排等措施完善城市雨水综合管理系统，有效控制雨水径流，修复城市水生态、改善水环境、涵养水资源、增强城市防涝能力，实现"小雨不积水、大雨不内涝、水体不黑臭、热岛有缓解"的建设目标，建设平原缺水地区人水和谐的海绵城市典范，探索研究适合中部平原缺水地区气候、土壤及降雨特点的LID措施及各工程设施的材料、材质，使鹤壁市海绵城市建设经验具有可复制性，探索研究大量分布有采煤塌陷区和工业集中区的老城区海绵城市建设策略及模式。

根据上述总体目标，海绵城市建设的具体目标及指标分解为以下四方面，共11项指标（表5-1）。

规划目标指标一览表　　　　　　　　　　　　　　　　　　　　　　　　　　　　　　　　表5-1

类别	序号	指标	指标说明	现状指标	规划期末目标指标
水生态	1	年径流总量控制率	年径流总量控制率/设计降雨量	—	≥70%（23mm）
	2	生态岸线恢复	水系生态岸线比例	—	≥90%
	3	地下水	地下水位的变化情况	持续下降	缓解持续下降趋势
水环境	4	水环境质量	至少达到地表水IV类标准，且不得劣于现状水质	淇河为II类，汤河为V类，其他未监测	淇河不低于II类，其他不低于IV类；水体不黑臭
	5	合流制管网溢流频次	合流制管渠溢流污染得到有效控制		雨水管网无污水直接排入水体；合流制溢流频次控制到4~6次
	6	雨水径流污染物削减率	雨水径流污染得到有效控制		不低于70%（以悬浮物TSS计）
水安全	7	城市排水	城市雨水管渠系统排水能力	—	≥2年一遇（45.9mm/h）
	8	城市防涝	城市内涝灾害防治重现期		30年一遇（24h降雨量262.5mm）设计降雨不内涝
	9	城市防洪	达到国家标准要求	淇河50年一遇、盖族沟<10年一遇、汤河20年一遇、姜河<10年一遇	淇河100年一遇，姜河、汤河及其支流西ահ头沟、孙圣沟、泗河为50年一遇，盖族沟20年一遇，刘洼河20年一遇
水资源	10	雨水直接利用情况	雨水利用量可替代的自来水比例	—	≥1.1%
	11	污水再生利用率	再生水利用量与城市污水量之比		≥40%

5.2.3 技术路线

根据中心城区建设现状，通过实地踏勘、资料收集、数据分析等工作，梳理城市水资源、水环境、水生态、水安全等方面问题与需求；结合国家、省及市海绵城市建设要求，以关键问题和核心目标为导向，制定近、远期建设目标和确定海绵城市规划指标体系；结合自然生态要素分析和生态敏感性分析，构建中心城区海绵城市自然生态空间格局，并划分海绵城市建设功能区；制定规划区域水生态系统规划、水环境系统规划、水安全系统规划和水资源利用规划；结合地形数据、排水防涝专项规划等资料，划分管控单元，确定各分区年径流总量控制目标；梳理总工程量、投资费用及近期重点建设规划，并因地制宜地制定配套保障措施（图5-4）。

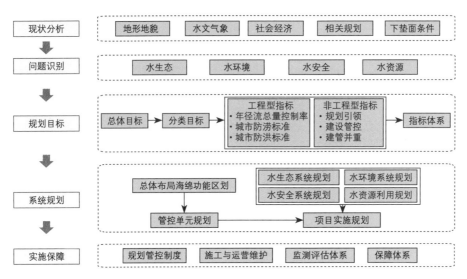

图5-4　海绵城市专项规划技术路线图

5.2.4　管控分区

海绵城市管控分区是后续规划建设管理的基础，不能因城市建设发展而随意改变。对于已建区域，排水分区以排水管网系统和地形坡度为基础，依据各个地块排水管网划定；对于新建区域，排水分区以河湖水系汇水范围和城市竖向高程为基础，参考规划雨水管渠布局划定。

1. 流域分区

根据水系布局与地势变化，结合控规编制单元、行政区划进行优化，中心城区共划分为6个流域分区，其中新城区4个，老城区2个（表5-2，图5-5、图5-6）。

中心城区流域分区表 表5-2

编号	名称	建设用地面积（km²）
1	盖族沟流域	13.84
2	护城河流域	35.03
3	刘洼河流域	7.18
4	淇河流域	18.47
5	汤河流域	22.2
6	姜河流域	3.07

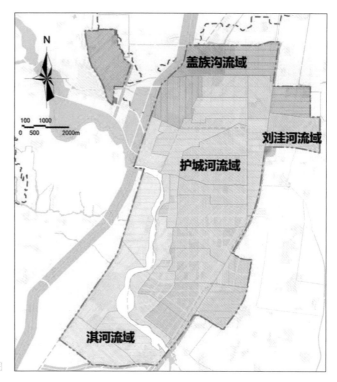

图5-5 新城区流域分区图

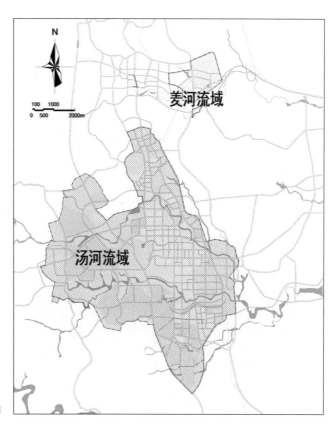

图5-6 老城区流域分区图

2．排水分区

已建区以排水管网分区为基础，新建区以水系汇水范围和城市竖向高程为基础，将新城区划分为31个排水分区，将老城区划分为12个排水分区（图5-7、图5-8）。

5.2.5　规划方案

1．保护水生态方案

对规划范围内山、水、林、田、湖等海绵基底进行识别和分析，通过对高程、

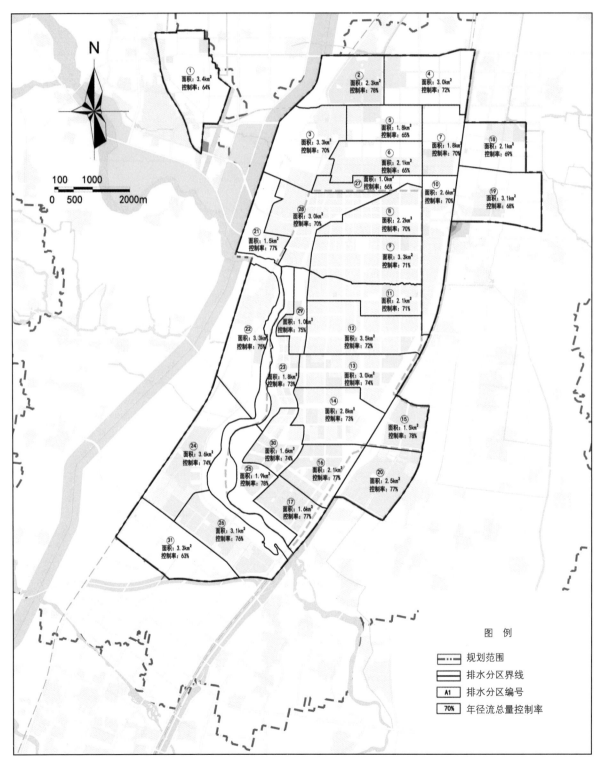

图5-7　新城区排水分区图

坡度、坡向、地质灾害易发区、断裂、采煤沉降区、森林公园、水源保护区、湿地公园等要素进行空间叠加，得到海绵生态敏感性综合评价结果，将高敏感区、较高敏感区纳入禁建区、限建区进行空间管控。

根据城市排涝安全下的水系空间布局，以及山体、河流水库、湿地、林地、城市绿地、田地等自然要素的分布，结合保护需求，构建鹤壁市中心城区"一带、两组团、两区、六节点、多廊道"的生态空间格局。

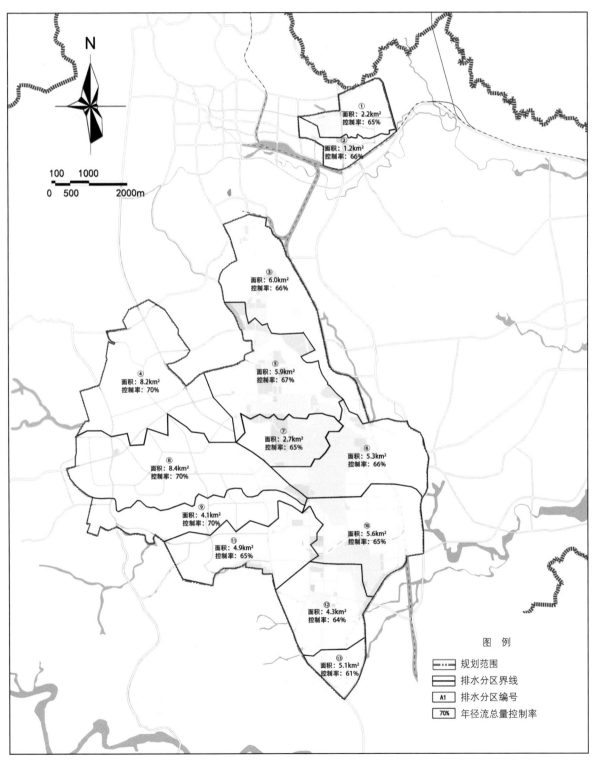

图5-8　老城区排水分区图

通过水生态敏感区（河流、湖泊、水库、湿地、坑塘、沟渠等）的重要生态斑块和廊道的识别，划定城市蓝线、绿线，构建城市蓝绿空间体系，为海绵城市建设留足生态空间和水域用地。

综合考虑绿地率、地下空间开发利用率、建筑密度、土壤渗透性等，按照建设项目类别进行年径流总量控制率等指标的分解（图5-9、图5-10，表5-3）。

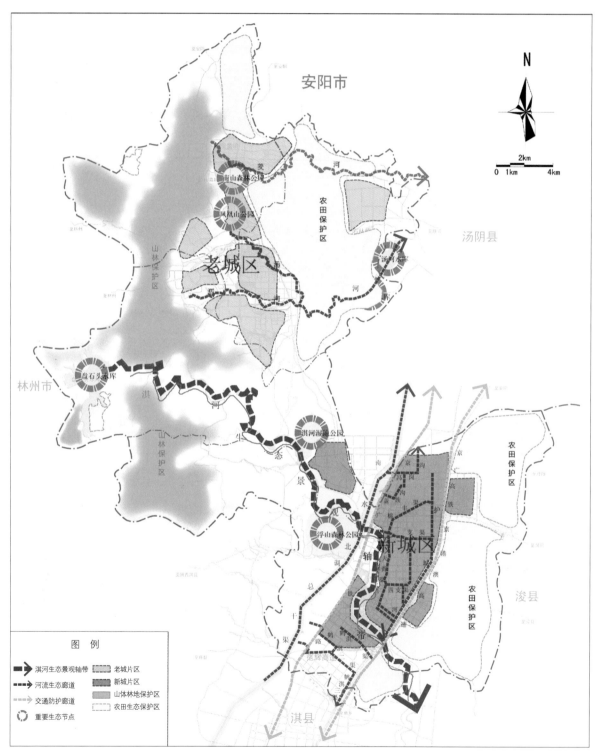

图5-9 自然生态空间格局图

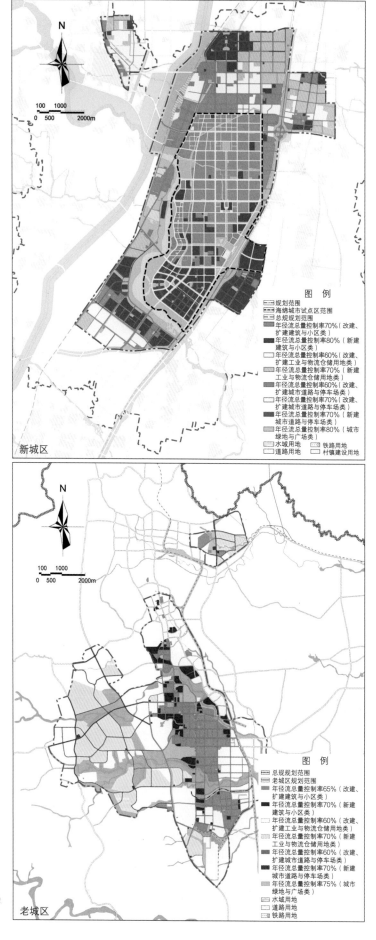

图 例

规划范围
海绵城市试点区范围
总规规划范围
年径流总量控制率70%（改建、扩建建筑与小区类）
年径流总量控制率80%（新建建筑与小区类）
年径流总量控制率60%（改建、扩建工业与物流仓储用地类）
年径流总量控制率70%（新建工业与物流仓储用地类）
年径流总量控制率60%（改建、扩建城市道路与停车场类）
年径流总量控制率70%（改建、扩建城市道路与停车场类）
年径流总量控制率70%（新建城市道路与停车场类）
年径流总量控制率80%（城市绿地与广场类）
水域用地　　铁路用地
道路用地　　村镇建设用地

新城区

图 例

总规规划范围
老城区规划范围
年径流总量控制率65%（改建、扩建建筑与小区类）
年径流总量控制率70%（新建建筑与小区类）
年径流总量控制率60%（改建、扩建工业与物流仓储用地类）
年径流总量控制率70%（新建工业与物流仓储用地类）
年径流总量控制率60%（改建、扩建城市道路与停车场类）
年径流总量控制率70%（新建城市道路与停车场类）
年径流总量控制率75%（城市绿地与广场类）
水域用地
道路用地
铁路用地

老城区

图5-10　年径流总量控制指标分解图

建设项目类别	用地代码	用地类型	年径流总量控制率（新建）	年径流总量控制率（改、扩建）
建筑与小区类	R	居住用地	新城区≥80% 老城区≥70%	新城区≥70% 老城区≥65%
	A	公共管理与公共服务设施用地		
	B	商业服务业设施用地		
	U	公用设施用地		
	M	工业用地	≥70%	≥60%
	W	物流仓储用地		
城市道路与停车场类	S	道路与交通设施用地	≥70%	≥60%
城市绿地与广场类	G	绿地与广场用地	≥80%	新城区≥80% 老城区≥75%

2．改善水环境方案

控源截污。新城区采用雨污分流制，老城区近期采用截流式合流制，远期逐步改造为分流制。通过完善污水收集系统及雨污分流改造，实现城市点源污染控制。结合现状及规划雨水排放口位置，在排水分区面积较大（大于1km²）且雨水排放口在河道断面平台以上的入河处，设置植被缓冲带，通过植物吸收、土壤渗滤作用强化径流雨水面源污染控制。

内源治理。定期清理河道和护岸内的垃圾、生物残体及漂浮物等，严禁向河道内排放污水、倾倒污物。结合城中村的改造，完善城市垃圾收运体系。通过清淤疏浚来清除水中的底泥、垃圾、生物残体等固态污染物，实现内源污染控制。对天赉渠、棉丰渠、护城河等的底泥采用机械清淤和水力清淤相结合的方式予以清理，4~5月，河道水量较少时采用机械清淤，7~8月，河道水量较多时，借水力作用进行水力清淤。

生态修复。根据城市水系的功能定位、两侧建设用地条件，给出针对性的生态护岸建设要求。对承担排涝功能的河道，如护城河、棉丰渠、天赉渠等，进行人工自然型生态护岸建设。对不承担排涝功能但具有景观和调蓄功能的河流，如二支渠、三支渠和四支渠等，采用景观驳石护岸、木桩护岸等自然生态护岸。对于老城区的汤河、泗河、姜河，着力做好局部景观绿化，提升老城区河流水系的生态环境，改善城区河流面貌，打造自然景观廊道。

活水保质。通过经济技术对比分析，将城市内河的补水水源确定为：淇河为主要补水水源，自然降雨作为局部补充，再生水为备用补水水源。待规划期末金山污水处理厂建成并稳定运行后，将金山污水处理厂的再生水作为城市内河的补水水源。在平水年和丰水年，淇河自身生态水量可以保障前提下，适当提高补水水量，增加城市河道水系流动性，提高城市水系景观品质。枯水年时，保证城市内河3~11月每月换水一次，12月至次年2月每2个月换水一次。

3．保障水安全方案

源头减排。地块开发时，径流雨水应通过海绵城市建设使其优先在场地内入渗利用，维持或恢复场地开发前的地下水补给量；有条件时，采用收集可用于浇洒的资源化利用方式。通过源头项目的海绵城市建设，降低市政雨水管渠的冲击负荷。

排水管渠。雨水管渠设计重现期取2～3年，其中一般地区的雨水管渠设计重现期取2年，部分重要地段如立交桥、行政中心、商业中心等，设计重现期取3年。雨水管渠沿道路布置，就近排入永通河、棉丰渠、盖族沟、淇河、护城河、天赉渠、汤河、泗河等河道。

排涝除险。根据现状内涝风险评估结果，结合场地竖向、用地布局、水系结构和排水组织，通过新建排水泵站、管涵改桥梁、增加绿地调蓄设施、打通路面超标径流入河通道等措施提升排涝能力（图5-11）。

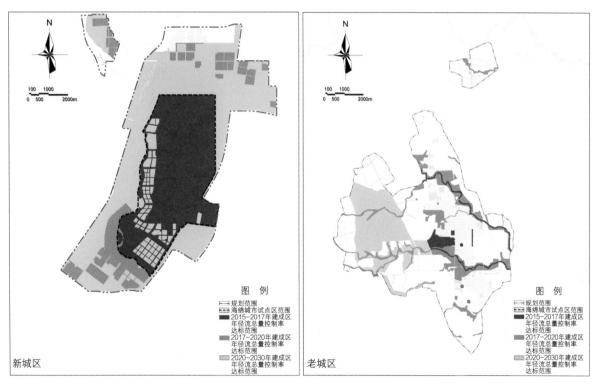

图5-11　海绵城市分期建设规划图

4．提升水资源承载能力方案

污水再生回用。再生水主要用于工业用水、水域生态景观用水和绿化用水。新城区中水回用工程在保障鹤淇电厂中水供给同时，预留护城河、天赉渠等中水出水口，便于多余中水补充河道水量。2020年可利用的再生水量约为19万 m^3/d，再生水利用率达到40%。

雨水资源利用。主要对屋面、广场产生的雨水进行资源化利用，到2020年，中心城区雨水替代城市供水的比例不低于1.2%。

5.3 控制性详细规划

结合海绵城市专项规划成果，对天赉渠片区、护城河北部片区等7个汇水分区的控制性详细规划进行修编。在控规层面落实城市总体规划及相关专项规划确定的低影响开发控制目标和指标，并结合用地功能和布局，补充各地块的海绵城市目标指标。

5.3.1 技术路线

根据海绵城市专项规划中确定的总体目标和指标，结合用地功能和布局将海绵城市建设的各项指标分解细化到各地块，明确各地块的雨量控制要求、下凹式绿地率、绿色屋顶率、透水铺装率等指标（图5-12）。

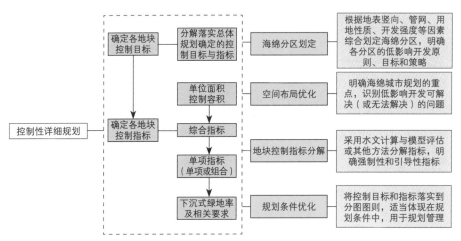

图5-12 海绵城市控制性详细规划技术路线图

5.3.2 管理单元

结合汇水分区和用地布局，兼顾行政管辖区域，将规划范围划分为7个管理单元，分别为永通河和护城河北段管理单元、棉丰渠管理单元、护城河中北段管理单元、护城河中段管理单元、淇河天赉渠北段管理单元、护城河中南段和刘洼河管理单元及淇水湾管理单元等。

5.3.3 控制指标

将建筑密度、绿地率、年径流总量控制率、年SS削减率、地下空间开挖率、生态岸线率等指标作为强制性指标，将下沉式绿地率、透水铺装率、绿色屋顶率等指标作为引导性指标，同时结合项目实际特征，明确了绿地协调解决其他项目海绵城市建设目标的范围和方式（表5-4，图5-13、图5-14）。

各管理单元年径流总量控制目标详表			表5-4
序号	分区名称	分区面积（hm²）	分区目标（年径流总量控制率）
1	永通河和护城河北段管理单元	636.59	67.5%
2	棉丰渠管理单元	299.33	70.3%
3	护城河中北段管理单元	541.94	70.8%
4	淇河天赉渠北段管理单元	364.77	74.1%
5	护城河中段管理单元	502.53	73.8%
6	护城河中南段和刘洼河管理单元	669.82	74.0%
7	淇水湾管理单元	601.01	77.8%

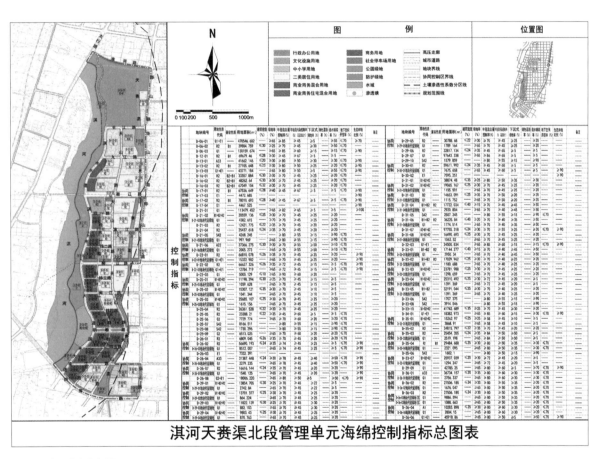

淇河天赉渠北段管理单元海绵控制指标总图表

图5-13 控规指标分解图

海绵之路——鹤壁海绵城市建设探索与实践

中国海绵城市建设创新实践系列

贰 顶层设计篇

031

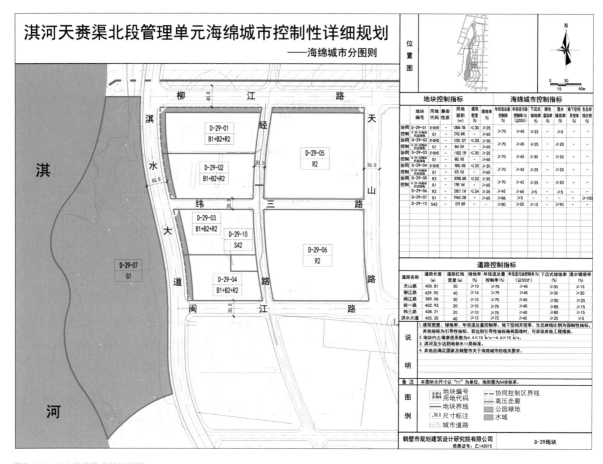

图5-14 纳入海绵要求的控规图

第6章

系统方案：量化支撑，科学谋划

6.1 建设目标

落实海绵城市发展理念，坚持问题导向，因地制宜采用渗、滞、蓄、净、用、排等措施完善城市雨水综合管理系统，解决城市建设中出现的水环境问题、内涝积水问题和水系不畅通问题，实现"淇河水质不降低、极端降雨不内涝、水系畅通不拥阻"的建设目标。

"淇河水质不降低"的主要要求为淇河进出城断面保持Ⅱ类，城市内河消除黑臭、实现Ⅳ类水质。

"极端降雨不内涝"的主要要求为在遭遇30年一遇24h降雨262.5mm不发生内涝。

"水系畅通不拥阻"的主要要求为消除试点区内的卡脖子点和断头河。

6.2 指标体系

6.2.1 "淇河水质不降低"建设指标体系

基于淇河水质不降低的建设目标要求（淇河进出城断面保持Ⅱ类，水质标准不降低；城市内河消除黑臭、实现Ⅳ类水质），通过量化计算分析，明确建设指标体系（表6-1）。

各管理单元年径流总量控制目标详表   表6-1

序号	指标名称	指标说明	现状值	目标值
1	合流制比例	合流制区域占试点区的面积比例	24.5%	0
2	污水直排口数量	生活和工业直排口	5处	0处
3	面源污染削减率	雨水径流污染得到有效控制	—	40%
4	年径流总量控制率	年径流总量控制率/设计降雨量	51%	70%
5	生态岸线恢复	水系生态岸线比例	—	≥90%

6.2.2 "极端降雨不内涝"建设指标体系

基于"极端降雨不内涝"的建设目标要求（遭遇30年一遇24h降雨262.5mm不发

生内涝），通过量化计算分析，明确建设指标体系（表6-2）。

"极端降雨不内涝"建设指标体系表 表6-2

序号	指标名称	指标说明	现状值	目标值
1	城市排水	城市雨水管渠系统排水能力	—	≥2年一遇（2h降雨量49.61mm）
2	城市防涝	城市内涝灾害防治重现期	—	30年一遇（24h降雨量262.5mm）设计降雨不内涝
3	城市防洪	达到国家标准要求		50年一遇

6.2.3 "水系畅通不拥阻"建设指标体系

基于"水系畅通不拥阻"的建设目标要求（水系畅通，消除试点区内的卡脖子点和断头河），通过量化计算分析，明确建设指标体系（表6-3）。

"水系畅通不拥阻"建设指标体系表 表6-3

序号	指标名称	指标说明	现状值	目标值
1	水系"卡脖子"点数量	水系与穿越道路时采用涵洞/涵管的建设形式的数量	5	0
2	断头河数量	城市水系断头、成为死水	1	0

6.2.4 其他指标

结合试点区实际情况，参考《鹤壁市海绵城市建设试点实施计划》以及国家海绵城市建设试点终期考核验收要求，试点区海绵城市建设还需要满足其他4项指标（表6-4）。

其他指标详表 表6-4

序号	指标名称	指标说明	现状值	目标值
1	天然水域面积保持程度	试点区域内河湖、坑塘、洼地占试点区的比例	3%	≥3%
2	雨水资源化利用率	雨水利用替代自来水的比例	0	≥1.1%
3	污水再生利用率	再生水用于河道补水、景观、工业、市政杂用量占污水的比例	—	30%
4	地下水埋深	年均地下水潜水位	8~20m	不降低

6.2.5 设计雨型

2016年国家气象中心对鹤壁市暴雨强度公式进行了修编，并推求出鹤壁市短历时、长历时暴雨设计雨型。根据暴雨强度公式修编结果及系统方案建设指标体系要求，设计雨型如下：

2年一遇2h设计雨型如图6-1所示。总降雨量为49.61mm，峰值出现在25~30min，峰值降雨强度为1.98mm/min。

30年一遇24h设计雨型如图6-2所示。总降雨量为262.6mm，峰值出现在116时段（5min为单位），峰值降雨强度占比为6.6%。

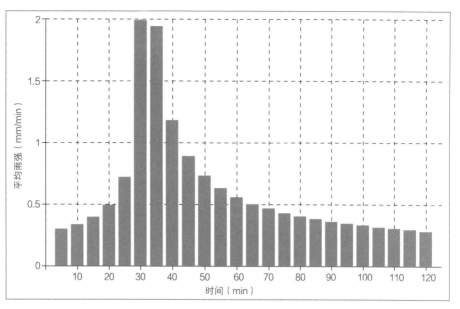

图6-1　2年一遇2h设计雨型图

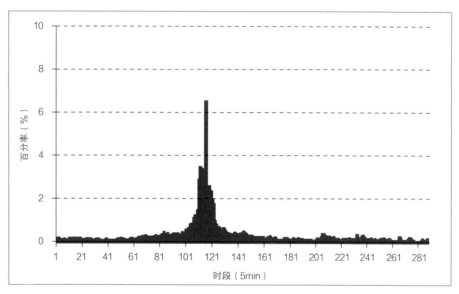

图6-2　30年一遇24h设计雨型图

6.3　技术路线

　　试点区系统方案的技术路线为：在系统分析试点区人水关系的基础上，通过实地踏勘、资料收集、走访调研，识别试点区的主要问题，并通过历史数据调查和数学模型计算，量化分析问题成因；在人水关系历史溯源和现状问题分析的基础上，确定海绵城市建设的初心和愿景；建成区以问题为导向，新建区域以目标为导向确定海绵城市建设的指标体系；结合自然地形、雨水管网、河流水系等划定汇水分区、排水分区；根据分区问题，制定源头减排—过程控制—系统治理的全过程工程体系，通过量化计算确定工程的规模，并落实工程用地（图6-3）。

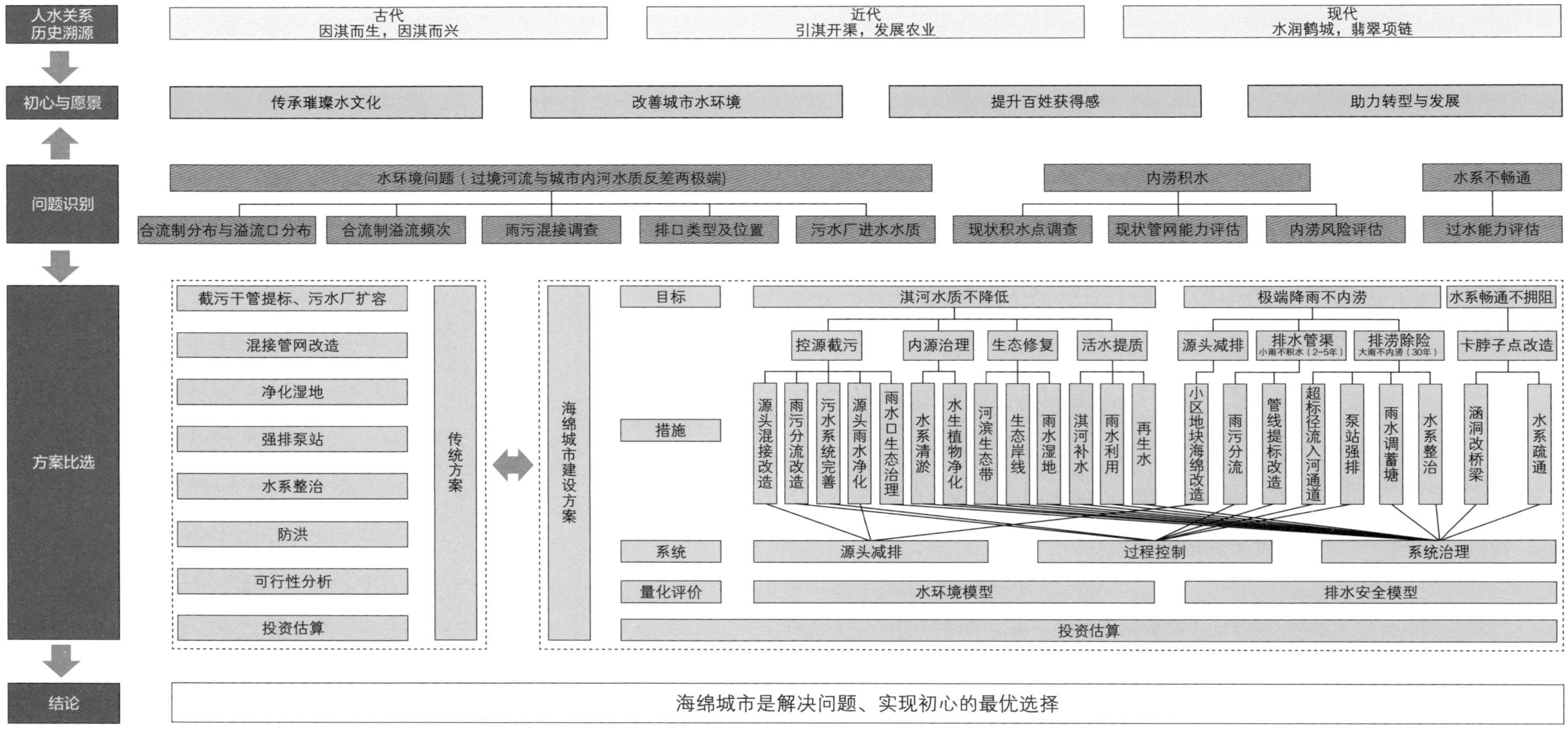
人水关系历史溯源
古代
因淇而生，因淇而兴
近代
引淇开渠，发展农业
现代
水润鹤城，翡翠项链
初心与愿景
传承璀璨水文化
改善城市水环境
提升百姓获得感
助力转型与发展
问题识别
水环境问题（过境河流与城市内河水质反差两极端）
合流制分布与溢流口分布
合流制溢流频次
雨污混接调查
排口类型及位置
污水厂进水水质
内涝积水
现状积水点调查
现状管网能力评估
内涝风险评估
水系不畅通
过水能力评估
方案比选
截污干管提标、污水厂扩容
混接管网改造
净化湿地
强排泵站
水系整治
防洪
可行性分析
投资估算
传统方案
海绵城市建设方案
目标
淇河水质不降低
极端降雨不内涝
水系畅通不拥阻
控源截污
内源治理
生态修复
活水提质
源头减排
排水管渠
小雨不积水（2-5年）
排涝除险
大雨不内涝（30年）
卡脖子点改造
措施
源头混接改造
雨污分流改造
污水系统完善
源头雨水净化
雨水口生态治理
水系清淤
水生植物净化
河滨生态带
生态岸线
雨水湿地
淇河补水
雨水利用
再生水
小区地块海绵改造
雨污分流
管线提标改造
超标径流入河通道
泵站强排
雨水调蓄塘
水系整治
涵洞改桥梁
水系疏通
系统
源头减排
过程控制
系统治理
量化评价
水环境模型
排水安全模型
投资估算
结论
海绵城市是解决问题、实现初心的最优选择

图6-3　海绵城市试点区系统化方案技术路线图

6.4　管控分区

　　海绵城市的管控分区一般包括汇水分区和排水分区，其中汇水分区主要以地形地貌、等高线为依据进行划分。鹤壁海绵城市试点区属于典型的平原城市，整体地势平缓，竖向平均坡度在3‰左右，整体上试点区降雨产生的径流会顺势就近排入城市内河，并最终排入淇河，而城市内河的主要补给水源又都为淇河水，整个试点区严格意义上很难划定汇水分区。

　　因此，结合鹤壁市试点区实际特征，并与住房和城乡建设部主管部门沟通后，以建设片区替代汇水分区，并将其与排水分区作为管控分区。

6.4.1　建设片区

　　结合竖向变化、行政区划、控规边界等要素，以受纳水体为单位进行建设片区的划分。试点区内大部分区域的受纳水体为棉丰渠、护城河、淇河、天赉渠，高铁以东矩桥片区（南海路以北、闽江东路以南、护城河以东、矩新路以西）的受纳水体为刘洼河。考虑到护城河先后有二支渠、四支渠等支流汇入，将护城河分为北部、中部、南部三个建设片区。总体上，按照上述原则将海绵城市试点区划分为7个建设片区，分别为棉丰渠片区、护城河北部片区、护城河中部片区、护城河南部片区、淇河片区、天赉渠片区、刘洼河片区（图6-4、表6-5）。

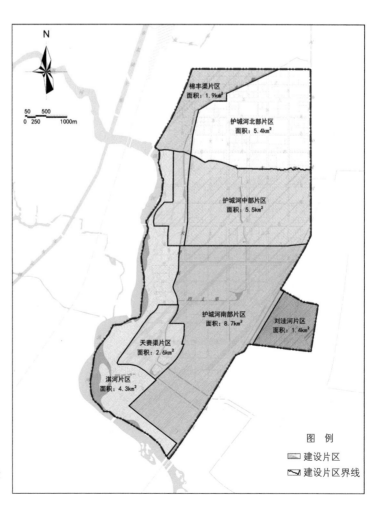

图6-4　试点区建设片区划分图

序号	名称	面积（km²）	范围	开发完成比例	用地特征	现状主要问题
1	棉丰渠片区	1.9	二支渠以北、黎阳路以南、棉丰渠以西、107国道以东	100%	以生活用地为主	3处易涝点，雨污合流、水环境较差
2	护城河北部片区	5.4	二支渠以北、黎阳路以南、棉丰渠以东、护城河以西	100%	以行政办公、生活用地为主	雨污合流、黑臭水体，2处卡脖子点
3	护城河中部片区	5.5	漓江路以北、二支渠以南、华山路以东、护城河以西	100%	以生活用地为主	水环境较差
4	护城河南部片区	8.7	淇水大道以北、漓江路以南、华山路以东、护城河以西	65%	以生活用地为主	水环境较差、3处卡脖子点
5	淇河片区	4.3	二支渠以南、淇河以东的不规则片区	70%	以商业用地、公园绿地为主	水环境保障压力大
6	天赉渠片区	2.6	二支渠以南、天赉渠周边的不规则片区	70%	以生活用地为主	水系拥堵
7	刘洼河片区	1.4	南海路以北、闽江东路以南、护城河以东、矩新路以西	30%	以教育科研用地为主	—
合计		29.8	—	80%	—	—

1．棉丰渠片区

棉丰渠片区面积为1.9km²，范围为二支渠以北、黎阳路以南、棉丰渠以西、107国道以东（图6-5）。

棉丰渠片区基本为现状建成区，片区内的建筑小区建设年代相对较为久远，基本在1990—2000年左右，现状基本为雨污合流制，管网排水能力有限，区域内及周边有3处现状易涝点（图6-6）。

2．护城河北部片区

护城河北部片区的面积为5.4km²，范围为二支渠以北、黎阳路以南、棉丰渠以东、护城河以西（图6-7）。

护城河北部片区基本为现状建成区，片区内的建筑小区建设年代相对较为久远，基本在1995—2005年左右。护城河北部片区以水环境问题为主，同时存在一定的水安全问题，区内多为雨污合流制，存在合流制溢流污染问题，造成现状水质较差，区内护城河段为上报黑臭水体段；河道穿越道路多采用箱涵、暗管过路，造成一定程度的排水不畅（图6-8）。

图6-5 棉丰渠片区现状卫片图（2015年）

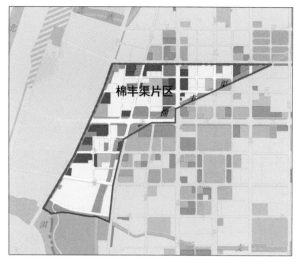

图6-6 棉丰渠片区用地规划图

图6-7 护城河北部片区现状卫片图（2015年）

图6-8 护城河北部片区用地规划图

3.护城河中部片区

护城河中部片区的面积为5.5km²，范围为漓江路以北、二支渠以南、华山路以东、护城河以西（图6-9）。

护城河中部片区基本为现状建成区，区内的建筑小区建设年代相对较新，基本在2000—2010年左右。区内以雨污分流为主，但存在一定的雨污混接现象，造成现状水质较差，区内护城河（二支渠—湘江路段）为上报黑臭水体段（图6-10）。

4.护城河南部片区

护城河南部片区的面积为8.7km²，范围为淇水大道以北、漓江路以南、华山路以东、护城河以西（图6-11）。

护城河南部片区中南海路以北片区基本为现状建成区，南海路以南片区为城乡一体化示范区，多为未开发区域或在建项目，区内的建筑小区建设年代相对较新，基本在2005年以后。区内以雨污分流为主，但存在一定的雨污混接现象，河道穿越道路存在采用箱涵、暗管过路的现象，造成一定程度的排水不畅（图6-12）。

图6-9 护城河中部片区现状卫片图（2015年）

图6-10 护城河中部片区用地规划图

图6-11 护城河南部片区现状卫片图（2015年）

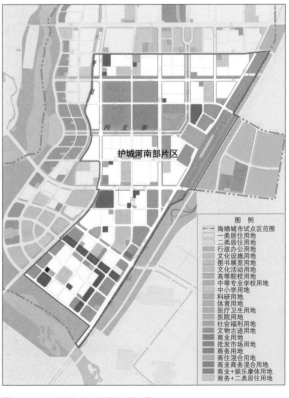

图6-12 护城河南部片区用地规划图

5. 淇河片区

淇河片区的面积为4.3km²，范围为二支渠以南、淇河以东的不规则片区（图6-13）。

淇河片区中南海路以北基本为现状建成区，南海路以南为城乡一体化示范区，多为未开发区域或在建项目（图6-14）。区内的建筑小区建设年代相对较新，基本在2005年以后。区内以雨污分流为主，但存在个别的雨污混接现象。淇河水质较好，是鹤壁的供水水源，随着城市的发展，淇河的水环境保护压力越来越大，如何通过海绵城市建设保障淇河的水清水畅是海绵城市建设的重要任务。

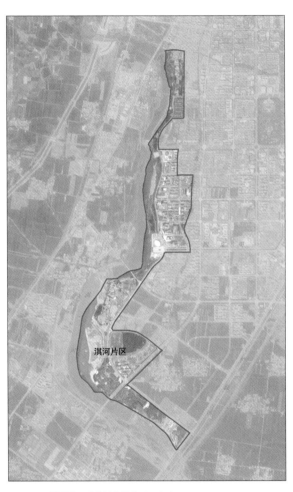

图6-13　淇河片区现状卫片图（2015年）

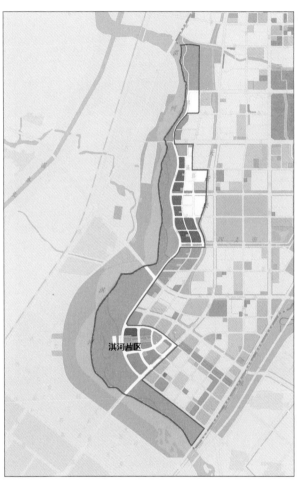

图6-14　淇河片区用地规划图

6. 天赉渠片区

天赉渠片区的面积为2.6km²，范围为二支渠以南、天赉渠周边的不规则片区（图6-15）。

天赉渠片区的北段为现状建成区，南段为城乡一体化示范区，多为未开发区域或在建项目。区内的建筑小区建设年代相对较新，基本在2005年以后。区内以雨污分流为主，主要面临的问题是水生态功能不完善，河道大部分时间干枯甚至断流（图6-16）。

7. 刘洼河片区

刘洼河片区的面积为1.4km²，范围为南海路以北、闽江东路以南、护城河以东、矩新路以西（图6-17）。

刘洼河片区内多为未开发区域或在建项目，区内的建筑小区建设年代相对较新，基本在2008年以后。区内以雨污分流为主，雨水自西向东排放至刘洼河。刘洼河流域以农田和村庄为主，现状生态环境较好，海绵城市建设的重点为按照对城市生态环境影响最低的开发建设理念，合理控制开发强度，在城市中保留足够的生态用地，控制城市不透水面积比例，最大限度地减少对原有水生态环境的破坏（图6-18）。

图6-15　天费渠片区现状卫片图（2015年）

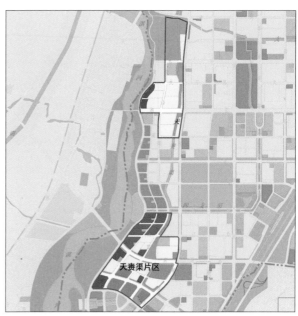

图6-16　天费渠片区用地规划图

图6-17　刘洼河片区现状卫片图（2015年）

图6-18　刘洼河片区用地规划图

6.4.2 排水分区

排水分区的划分主要以社会属性为特征，沿排水口上溯、以管网排水边界为依据。试点区内，已建区以排水管网分区为基础，新建区以水系汇水范围和竖向高程为基础，共划分为14个排水分区。其中，排水分区1的受纳水体为棉丰渠，排水分区2、3、4、5、6、7、8、9的受纳水体为护城河，排水分区10、11的受纳水体为淇河，排水分区12、13的受纳水体为天赉渠，排水分区14的受纳水体为刘洼河（图6-19、表6-6）。

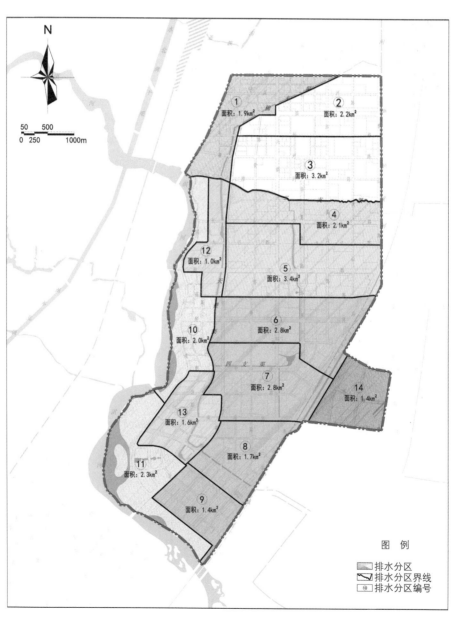

图6-19　试点区排水分区划分图

排水分区	面积（km²）	受纳水体
排水分区1	1.9	棉丰渠
排水分区2	2.2	护城河
排水分区3	3.2	护城河
排水分区4	2.1	护城河
排水分区5	3.4	护城河
排水分区6	2.8	护城河
排水分区7	2.8	护城河
排水分区8	1.7	护城河
排水分区9	1.4	护城河
排水分区10	2.0	淇河
排水分区11	2.3	淇河
排水分区12	1.0	天赉渠
排水分区13	1.6	天赉渠
排水分区14	1.4	刘洼河
合计	29.8	—

6.5　工程体系

6.5.1　棉丰渠片区

1．源头减排项目

棉丰渠片区内源头减排项目共有三大类29个项目。其中，建筑小区类海绵城市建设项目15项，总面积为39.04hm²；绿地广场类海绵城市建设项目2项，总面积为0.88hm²；城市道路类海绵城市建设项目12项，总面积为33.56hm²（图6-20）。

2．过程控制项目

棉丰渠片区的过程控制项目主要包括3类，分别是合流改分流管网、新建雨水管网以及雨水口末端净化措施。其中，合流改分流的管网长度为4.9km，新建雨水管网为2.27km；雨水口末端净化设施共11处（图6-21）。

3．系统治理项目

棉丰渠片区系统治理项目主要包括河道整治、末端的园林绿地两大类。其中，河道整治为棉丰渠整治（包括水体清淤、岸线修复等），长度为3.14km；园林绿地项目的总占地面积为3.38hm²（图6-22）。

6.5.2　淇河片区

1．源头减排项目

淇河片区内源头减排项目共有三大类33个项目。其中，建筑小区类海绵城市建设项目19项，总面积为69.68hm²；绿地广场类海绵城市建设项目3项，总面积为1.88hm²；城市道路类海绵城市建设项目11项，总面积为46.07hm²（图6-23）。

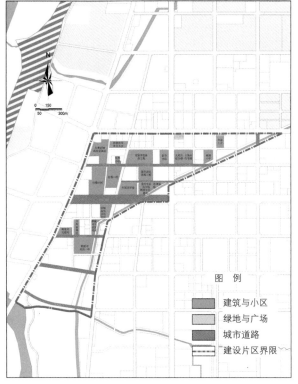

图例

- 建筑与小区
- 绿地与广场
- 城市道路
- 建设片区界限

图6-20 源头减排项目（棉丰渠片区）

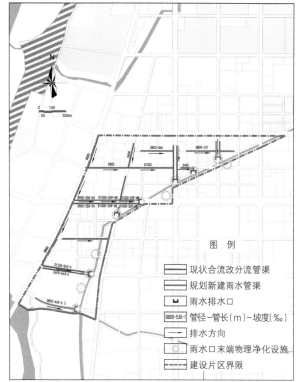

图例

- 现状合流改分流管渠
- 规划新建雨水管渠
- 雨水排水口
- D800-530-1 管径—管长（m）—坡度（‰）
- 排水方向
- 雨水口末端物理净化设施
- 建设片区界限

图6-21 过程控制项目（棉丰渠片区）

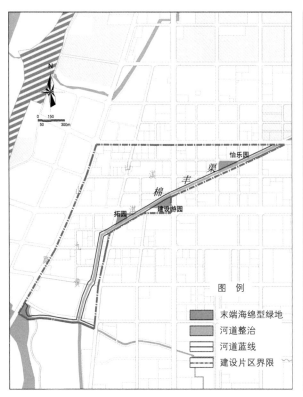

图例

- 末端海绵型绿地
- 河道整治
- 河道蓝线
- 建设片区界限

图6-22 系统治理项目（棉丰渠片区）

图例

- 综合协调达标地块
- 建筑与小区
- 绿地与广场
- 城市道路
- 未开发地块
- 建设片区界限

图6-23 源头减排项目（淇河片区）

2．过程控制项目

淇河片区的过程控制项目主要包括4类，规划改造雨水管渠、新建雨水管渠、雨水口末端净化措施以及调蓄塘。其中，规划改造雨水管渠为0.9km，规划新建雨水管渠0.5km；雨水口末端净化设施共5个；调蓄塘位于闽江路，容积为2000m³（图6-24）。

3．系统治理项目

淇河片区的系统治理项目主要为末端的园林绿地和下游湿地两大类。其中，末端的园林绿地包含淇水乐园、淇水诗苑等项目，总占地面积为167hm²；淇河下游湿地的占地面积为28.8hm²（图6-25）。

图6-24 过程控制项目（淇河片区）

图6-25 系统治理项目（淇河片区）

6.5.3 护城河北部片区

1．源头减排项目

护城河北部片区内源头减排项目共有三大类85个项目。其中，建筑小区类海绵城市建设项目63项，总面积为248.99hm²；绿地广场类海绵城市建设项目4项，总面积为11.22hm²；城市道路类海绵城市建设项目18项，总面积为106.37hm²（图6-26）。

2．过程控制项目

护城河北部片区的过程控制项目主要包括3类，合流改分流雨水管网、新建雨水管网和雨水口末端净化措施。其中，合流改分流的管网长度为32.95km，新建雨水管网长度为1.8km；雨水口末端净化设施共15处（图6-27）。

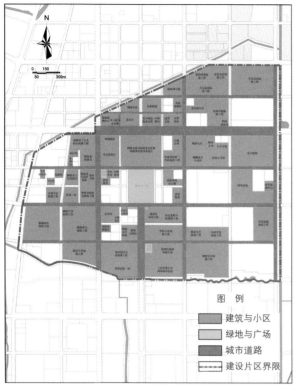

图6-26　源头减排项目（护城河北部片区）　　　　　　　　　　　　　　图6-27　过程控制项目（护城河北部片区）

3．系统治理项目

护城河北部片区的系统治理项目主要包括河道整治、末端的园林绿地、涵洞改桥梁三大类。其中，河道整治为护城河整治（含水体清淤、岸线修复等），该段水体为黑臭水体，整治长度为2.33km；末端的园林绿地项目占地面积为2.12hm²，分别为佳和健身园和怡乐园南侧；涵洞改桥梁2处，分别为黎阳路跨护城河桥和淇河路跨护城河桥（图6-28）。

6.5.4　护城河中部片区

1．源头减排项目

护城河中部片区内源头减排项目共有三大类66个项目。其中，建筑小区类海绵城市建设项目45项，总面积为230.31hm²；绿地广场类海绵城市建设项目7项，总面积为32.93hm²；城市道路类海绵城市建设项目14项，总面积为129hm²（图6-29）。

2．过程控制项目

护城河中部片区的过程控制项目主要包括3类，分别为改造雨水管渠、新建雨水管渠、雨水口末端净化措施。其中，改造雨水管渠长度为3.9km，新建雨水管渠长度为0.6km；雨水口末端净化设施共4处（图6-30）。

3．系统治理项目

护城河中部片区的系统治理项目为河道整治，包含护城河整治（含水体清淤、岸线修复等）、二支渠整治（含水体清淤、岸线修复等）和二支渠南延断头河改造，总长度6.9km（图6-31）。

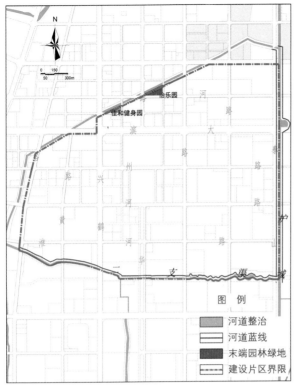

图6-28 系统治理项目（护城河北部片区）

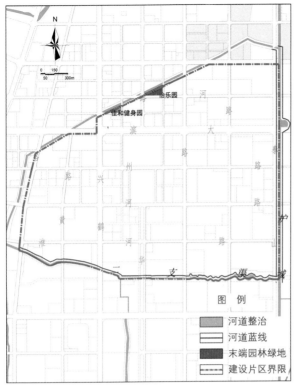

图6-29 源头减排项目（护城河中部片区）

图 例
- 综合协调达标地块
- 建筑与小区
- 绿地与广场
- 城市道路
- 建设片区界限

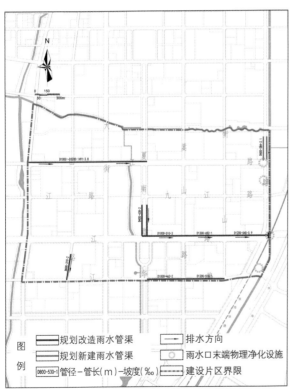

图6-30 过程控制项目（护城河中部片区）

图
例
- 规划改造雨水管渠
- 规划新建雨水管渠
- 0800-530-1 管径-管长（m）-坡度（‰）
- 排水方向
- 雨水口末端物理净化设施
- 建设片区界限

图6-31 系统治理项目（护城河中部片区）

图 例
- 河道整治
- 河道蓝线
- 建设片区界限

6.5.5 护城河南部片区

1．源头减排项目

护城河南部片区内源头减排项目共有三大类41个项目。其中，建筑小区类海绵城市建设项目17项，总面积为158.93hm²；绿地广场类海绵城市建设项目7项，总面积为29.48hm²；城市道路类海绵城市建设项目17项，总面积为161.05hm²（图6-32）。

2．过程控制项目

护城河南部片区的过程控制项目主要包括5类，分别为规划改造雨水管渠、规划新建雨水管渠、已设计未实施雨水管渠、雨水口末端净化措施以及调蓄塘。其中，改造雨水管渠长度1.3km，新建雨水管渠3.6km，已设计未施工雨水管渠5.9km；雨水口末端净化设施共21处。调蓄塘2处，分别为闽江路调蓄塘和南海路调蓄塘，容积共计14500m³（图6-33）。

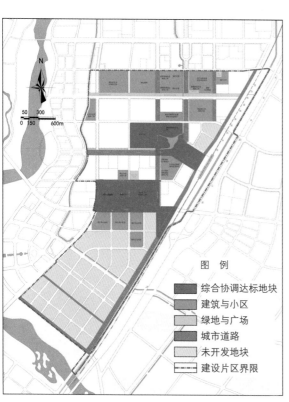

图6-32　源头减排项目（护城河南部片区）

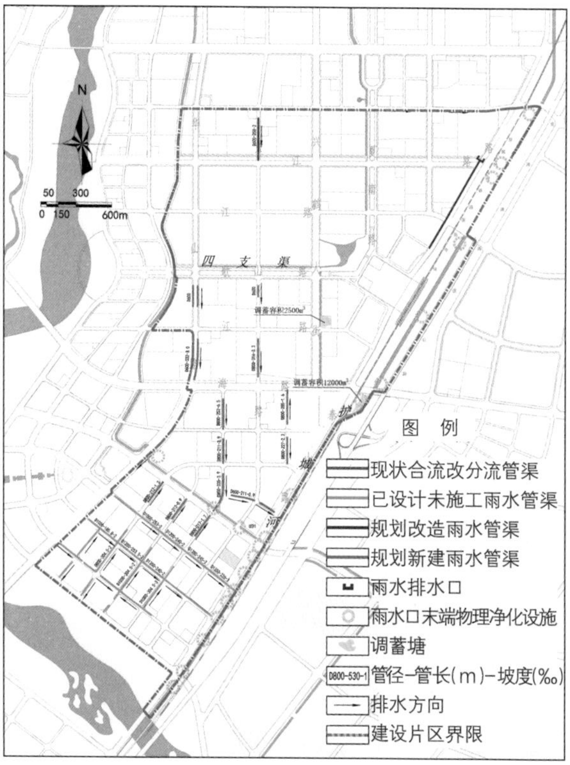

图6-33　过程控制项目（护城河南部片区）

3．系统治理项目

护城河南部片区的系统治理项目包含河道整治、涵洞改桥梁和末端的园林绿地三大类。其中，河道整治项目为护城河南段整治（含水体清淤、岸线修复等）、二支渠南延等，总长度10.2km；涵洞改桥梁3处，分别位于赵庄桥贺兰山路与护城河交口北50m处、姬庄桥天山路与护城河交口北100m处、申寨桥淇水大道与护城河交口南300m处；园林绿地项目为桃园公园，占地面积为10.31hm²（图6-34）。

6.5.6　天赍渠片区

1．源头减排项目

天赍渠片区内源头减排项目共有两大类9个项目。其中，建筑小区类海绵城市建设项目3项，总面积11.82hm²；城市道路类海绵城市建设项目6项，总面积17.15hm²（图6-35）。

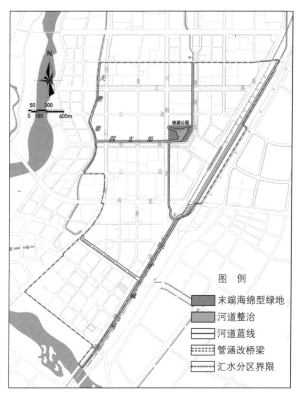

图6-34　系统治理项目（护城河南部片区）　　　　　图6-35　源头减排项目（天赍渠片区）

2．过程控制项目

天赍渠片区的过程控制项目主要包括4类，改造雨水管渠、新建雨水管渠、雨水口末端净化措施以及调蓄塘。其中，改造雨水管渠长度0.4km，新建雨水管渠2.9km；雨水口末端净化设施共7处；调蓄塘位于南海路，容积为16000m³（图6-36）。

3．系统治理项目

天赍渠片区的系统治理项目包含河道整治、末端园林绿地两大类。其中，园林绿地项目为大赍店遗址公园，占地面积为18.3hm²。河道整治项目为天赍渠整治（含水体清淤、岸线修复等），总长度3.5km（图6-37）。

6.5.7　刘洼河片区

1．源头减排项目

刘洼河片区基本为未开发区域，共有3个源头减排项目。其中，建筑小区类海绵城市建设项目2项，总面积34.48hm²；城市道路类海绵城市建设项目1项，总面积7.1hm²（图6-38）。

2．过程控制项目

刘洼河片区的过程控制项目主要包括2类，分别为新建雨水管渠、污水处理厂扩容（图6-39）。其中，已设计未实施雨水管渠4.4km。淇滨污水厂现状处理规模

图6-36　过程控制项目（天赉渠片区）

图6-37　系统治理项目（天赉渠片区）

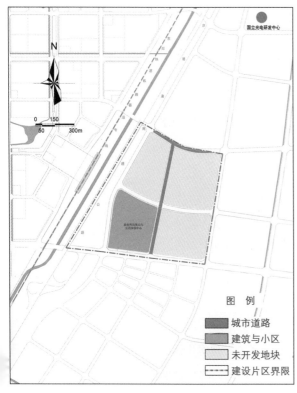

图6-38　源头减排项目（刘洼河片区）

图6-39　过程控制项目（刘洼河片区）

5万m³/d，试点期内处理规模扩建至6.5万m³/d，出水水质执行《城镇污水处理厂污染物排放标准》GB 18918—2002中一级A标准。

　　3．系统治理项目

　　刘洼河片区的系统治理项目主要为刘洼河整治（含水体清淤、岸线修复等），总长度2.3km（图6-40）。

图例

河道整治
河道蓝线
建设片区界限

图6-40　系统治理项目（刘洼河片区）

第7章

模式指引：因地制宜，问题导向

对于建筑小区类项目，根据其所在片区的主要问题、建设目标和策略，结合项目建设年代、绿地率、地下空间开发率、排水设施建设情况等特征，划分成五大类型，分别给出其海绵城市建设模式指引。

7.1 以雨水资源化利用为主的项目

对设计范围内或周边有大面积绿地、水景观的项目，优先考虑雨水资源化利用，尽可能将项目需要控制的雨水经过集中收集净化后用以绿地浇洒或景观补水，降低绿地浇洒和水景观换水的自来水需水量（图7-1）。以雨水资源化利用为主的项目呈点状分布，包括鹤壁市教育局、福田一区、淇水春天等。

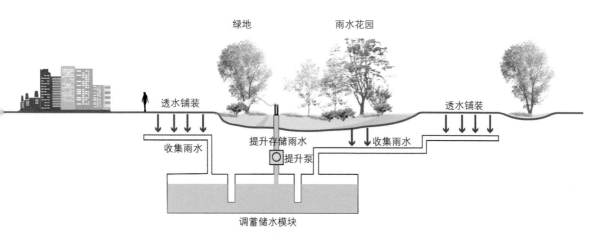

图7-1 以雨水资源化利用为主的项目建设模式图

7.2 以回补地下水为主的项目

对于地下空间开发利用率低、有一定绿地的项目，通过合理的雨水组织和海绵设施的选择，实现雨水的源头控制，选用的设施以可渗透型设施为主，促进雨水下渗回补地下水（图7-2）。以回补地下水为主的项目主要分布于二支渠至湘江路一带，包括新城花园、漓江花园等。

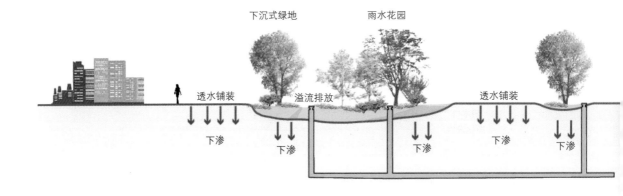

图7-2 以回补地下水为主的项目建设模式图

7.3 以雨污分流改造为主的项目

对于现状为雨污合流的市政道路或建筑小区类项目，项目在进行海绵改造时最核心的要求是进行雨污分流改造，同时结合项目特征选择适宜的雨污分流改造方式，对于规模很小的小区（不超过1hm²）优先采用线形盖板沟代替传统雨水管线的形式，以降低工程量和对现场的扰动（图7-3）。以雨污分流改造为主的项目主要位于二支渠以北，包括鹤源小区、淮河路等。

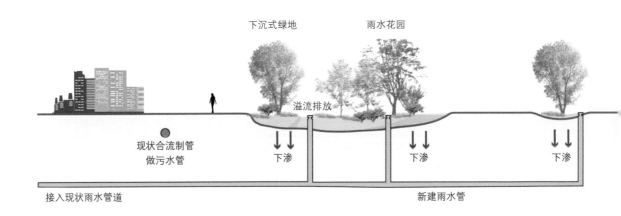

图7-3 以雨污分流改造为主的项目建设模式图

7.4 以径流污染控制为主的项目

对于建成时间短、整体环境较好小区，过于强调雨水的源头分散控制和年径流总量控制指标等，易造成过度工程化，甚至出现"改造后景观不如改造前"的现象，导致不良的社会影响。因此对于这类项目，适当弱化年径流总量控制，结合汇水分区特征，将重点放在雨水径流污染控制，海绵设施以卵石带、雨水口截污挂篮、雨水口净化设施等为主（图7-4）。以径流污染控制为主的项目主要位于淇河流域，包括观景大厦、双水湾等。

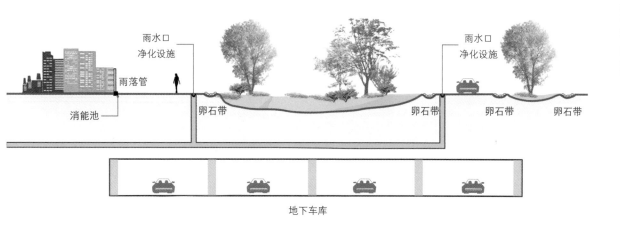

图7-4　以径流污染控制为主的项目建设模式图

7.5　以环境综合提升为主的项目

老旧小区普遍存在的问题是路面破损严重、绿地率低、植被枯死景观效果差等，其海绵改造以问题为导向，主要结合景观提升实现海绵城市功能（图7-5）。一般先进行硬化地面的修复或翻新，以及绿化的整体提升，将海绵城市建设融入环境综合提升中，同时重点实施雨污分流改造、小区现状易涝点改造等。以环境综合提升为主的项目主要分布于棉丰渠周边，包括大赛店镇政府家属院、三和佳苑等。

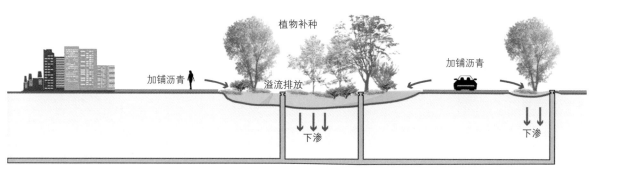

图7-5　以环境综合提升为主的项目建设模式图

叁

THREE

体制机制篇

INSTITUTIONAL MECHANISM

第8章

组织架构：从上至下拧成一股绳

为有效推进海绵城市建设，鹤壁市于2015年4月成立了海绵城市领导小组和海绵办，并于2016年3月成立鹤壁海绵城市建设管理有限公司，形成了领导小组、海绵办、海绵公司的三级垂直管理、分工明确的组织架构（图8-1）。

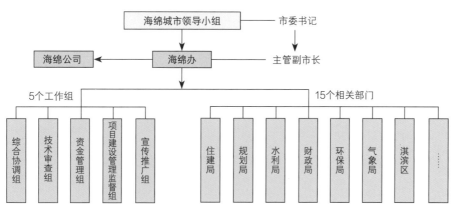

图8-1 海绵城市组织架构图

8.1 领导小组

成立以书记为组长，市长为副组长，主管城建副市长、市财政局、住建局、规划局、水利局等有关单位为成员的市推进海绵城市建设领导小组。领导小组每季度召开一次会议，重点研究和协调海绵城市建设重大事项。

8.2 海绵办

领导小组下设海绵城市办公室，由主管城建副市长任海绵办主任。海绵办下设综合协调组、项目建设管理督导组、技术审查组、资金监管组、宣传推广组5个部门，并从规划、建设、财政、水利等各部门抽调了50余名专业人员协同推进。

建立了由主管副市长为召集人，各有关单位为成员的联席办公会议制度。联席会议每月召开一次会议，研究解决海绵城市建设过程中遇到的具体问题。

8.3　海绵公司

2016年3月，鹤壁海绵城市建设管理有限公司经市政府批准注册成立。海绵公司是鹤壁市海绵城市管理的市场化运作的平台，也是海绵工程长期的运营管理机构，有力地保障海绵城市建设的长效管理。

8.4　海绵管廊科

鹤壁市住建局常设海绵管廊科，负责指导全市海绵城市建设、PPP项目绩效评价以及海绵城市建设具体事务等工作，并在2017年市住建局"三定方案"中将其职能予以明确。

第9章

政策法规：立法保障，违法必究

在海绵城市制度保障建设中，坚持立法先行，实现依法行政，强化海绵城市规划建设管理，形成了涵盖规划、建设、绩效考核、产业扶持的一整套政策法规。

9.1 海绵城市立法

鹤壁颁布的第一个地方性法规《鹤壁市循环经济生态城市建设条例》中设海绵城市建设专章，内容涵盖海绵城市规划、建设、管理、审批、运维等。通过立法保障，将海绵城市建设的理念变成长期坚持的基本政策和要求（明确要求"本市区域范围内新建、改建、扩建工程应当进行海绵城市雨水控制与利用工程的规划设计和建设"），将海绵城市建设作为对各级政府、各有关部门的考核要求（明确"市住房和城乡建设行政主管部门统筹协调和监督管理海绵城市建设雨水控制与利用工程，负责施工图审查、施工许可、竣工验收等管理工作。发展和改革、财政、规划、国土资源、水利、环境保护等行政主管部门应当依法履行各自职责，协同做好海绵城市建设"）。目前该条例已通过河南省人大批准，2016年12月1日正式实施。

海绵城市立法相关内容摘录
《鹤壁市循环经济生态城市建设条例》

第三十一条　市住房和城乡建设行政主管部门统筹协调和监督管理海绵城市建设雨水控制与利用工程，负责施工图审查、施工许可、竣工验收等管理工作。发展和改革、财政、规划、国土资源、水利、环境保护等行政主管部门应当依法履行各自职责，协同做好海绵城市建设。

第三十二条　本市区域范围内新建、改建、扩建工程应当进行海绵城市雨水控制与利用工程的规划设计和建设。雨水控制与利用工程必须与主体建设工程同时设计、同时施工、同时投入使用。住房和城乡建设行政主管部门应当加强对已建雨水控制与利用工程的管理，确保其正常运行；对长期不能正常运行的，应当责令建设单位限期修复。

第三十八条　市、县（区）人民政府住房和城乡建设行政主管部门应当负责对雨水控制与利用工程的规划设计和建设情况进行核验，并负责对雨水控制与利用建设工程的施工图设计文件等进行审查。施工单位不得擅自更改雨水控制与利用工程的规划设计。

第四十条　海绵城市设施的建设或者运行管理单位应当加强设施维护和管理，确保设施正常运行。城市道路、公园绿地、广场等公共项目的海绵城市设施，由各项目管理单位负责维护管理或者由政府组织成立统一的海绵城市设施管理单位对海绵城市项目进行日常维护管理；公共建筑与住宅小区等其他类型项目海绵城市设施，由该设施的所有者或者其委托方负责维护管理。

9.2　规划管理政策

为充分发挥规划管控在海绵城市建设中的龙头带动作用，探索从规划编制、规划审批许可等环节建立服务海绵城市建设的管理制度，鹤壁市规划局出台了《鹤壁市海绵城市建设项目规划管理实施办法》《鹤壁市海绵城市建设项目规划管控实施保障制度》《鹤壁市海绵城市建设项目"一书两证"管理制度》《鹤壁市海绵城市建设项目规划管控责任落实和追究制度》等一系列管理制度和部门实施细则，将海绵城市管控融入原有管理流程中，明确了全市范围内海绵城市建设项目的规划管控审核要求、手续办理流程和责任追究办法。

海绵城市规划管理政策相关内容摘录

《鹤壁市海绵城市建设项目规划建设管理暂行办法》

第四条　新建、改建、扩建工程均应进行海绵城市低影响开发雨水系统的规划设计和建设；低影响开发雨水系统必须与建设工程同时设计、同时施工、同时投入使用。

第八条　规划部门在出具规划条件时，要明确项目建设用地范围内海绵城市建设的相关管控指标；在总图审查阶段，增加对地下空间开挖比例管控指标的达标审查；在建筑方案审查阶段，增加对（滞水）平屋顶管控指标的达标审查。

第十二条　项目建设单位必须按照经审查通过的施工设计图进行建设，加强对已建低影响开发设施的维护和管理，确保其正常运行。

第十三条　未按要求进行海绵城市建设的，属于设计、施工、建立责任的，由建设行政主管部门负责整改处罚。

《鹤壁市海绵城市建设项目规划建设管理暂行办法》

第五条　规划部门要在规划核实时对海绵管控措施同步核实，未经通过，不得进行建设项目总体规划核实。

《鹤壁市海绵城市规划管控责任落实和追究制度》

第二条　负责组织我市海绵城市有关规划法律法规的宣传贯彻，研究落实海绵城市有关规划法律法规的相关措施；牵头组织制定海绵城市有关规划业务技术规

范，审查海绵城市有关规划工作的规范性文件。(责任科室：政策法规和信访稳定科)

第三条　在组织编制城市总体规划、控制性详细规划及城市道路、绿地、水系等专项规划中落实海绵城市建设理念及要求；组织规划编制审查时，不符合相关规定的，不得通过审查。(责任科室：城乡规划编制科)

第四条　在依据控制性详细规划出具建设用地规划条件时，要纳入海绵城市的理念和相关要求；在总图审查阶段，对地下空间开挖率、绿地率海绵管控指标进行达标审查。(责任科室：建设用地规划管理科、市政院里管线科)

第五条　在建筑方案审查阶段，对宜采用平屋顶的屋面，提出滞水管控要求。(责任科室：建设工程规划管理科)

第六条　对道路、广场、绿地等建设项目进行方案审查时，要对建设项目方案海绵设施进行初审并提出进一步管控要求。(责任科室：市政园林管线科)

第七条　需要追究相关部门和人员的责任的情形：

(一)建设单位未按海绵城市建设管控要求申报建设项目且拒不改正的；

(二)规划设计编制单位未按海绵城市管控要求编制规划设计且拒不改正的；

(三)组织编制城乡规划应纳入海绵城市管控的相关要求而未纳入的；

(四)在规划许可阶段，应提出海绵管控的相关要求或审查海绵城市相关管控要求而未提出或审查的；

(五)未按海绵城市建筑管控要求进行建设的；

(六)未按海绵城市管控要求进行总体规划核实的；

(七)其他违反海绵城市管控要求的行为，且对海绵城市项目建设造成重大损失的。

《鹤壁市城乡规划管理局海绵城市建设项目规划管理实施办法》

第八条

(一)核定建设用地规划条件或核发建设项目选址意见书阶段：建设用地规划条件应包含地块年径流总量控制率及地下开挖率；选址意见书应提出海绵规划管控要求。

(二)规划方案审批阶段：1.建设单位在报送的规划方案中应落实海绵城市有关要求。2.规划部门在进行规划方案审查时应同步审查海绵指标，方案审查合格后方可进行规划许可。3.建设单位应根据规划部门审定的项目规划方案进行施工图设计，并报海绵办技术审查组审查。

《鹤壁市城乡规划管理局海绵城市建设项目"一书两证"规划管理制度》

第二条　按照国家规定需要有关部门批准或者核准的海绵城市建设项目，以划拨方式提供国有土地使用权的，建设单位再报送有关部门批准或者核准前，应当向城乡规划主管部门申请核发选址意见书。以出让方式取得的海绵城市建设项目不需要申请选址意见书。

9.3　建设管理政策

为加强海绵城市建设项目施工过程管理，确保工程质量，鹤壁市海绵办先后出台了《鹤壁市海绵城市建设工程管理规定》《鹤壁市海绵城市建设项目设计说明提纲暨设计指引》《加强鹤壁市海绵城市建设试点项目方案及施工图审查管理的通知》等一系列文件，明确了海绵城市建设项目规划、设计、施工、验收等各个环节要求和责任。鹤壁市住建局出台了《加强海绵城市建设项目施工管理的通知》《简化海绵城市建设项目招投标手续的意见》《进一步加强海绵城市建设项目施工图审查管理的通知》《加强海绵城市建设项目竣工验收管理的规定》《实行海绵城市建设闭合管理工作的通知》等一系列管理办法，进一步明确了全市范围内新建、改建、扩建海绵城市项目招投标、施工图审查、施工许可、竣工验收等环节的具体要求。

海绵城市建设管理政策相关内容摘录

《鹤壁市海绵城市建设工程管理规定》

第二条　新建、改建、扩建工程均应进行海绵城市雨水控制与利用工程的规划设计和建设、雨水控制与利用工程必须与主体建设工程同时设计、同时施工、同时投入使用。

《鹤壁市城市区域雨水排放管理暂行规定》

第十条　控制性详细规划确定的地块年径流总量控制指标，原则上不得降低。确需降低的，应当进行专项论证补偿原年径流总量的技术措施，按法定程序调整。

第十一条　建设项目土地出让和划拨环节，国土、规划主管部门应将地块年径流总量控制指标纳入土地出让、划拨条件中。

第十二条　建设工程规划许可环节，规划主管部门应重点审查地块年径流总量控制指标的落实情况。

第十四条　建设工程施工许可环节，城乡建设主管部门要将径流量相关工程措施作为重点审查内容。

第十五条　建设工程竣工验收环节，应当写明海绵城市相关工程措施落实情况，规划行政主管部门和建设行政主管部门会同相关部门做重点审查。

第十六条　业主或运营管理单位应加强对海绵城市相关设施的运行维护，保障设施的正常运行；城乡建设主管部门应加强对相关工程措施的检查和绩效评估。

《鹤壁市住房和城乡建设局关于实行海绵城市建设闭合管理工作的通知》

第二条　我市海绵城市建设，在工程设计、图纸审查、工程施工、工程验收、竣工验收备案等关键环节实行闭合管理。局相关科室和单位，应认真履行各自的职责，加强对海绵城市建设的监管。

（一）勘察设计和建筑装饰装修管理科

负责指导施工图设计单位、施工图设计文件审查机构，在施工图设计和图纸审查环节，严格落实国家及省市有关海绵城市建设的有关法律法规和标准规范。不符合相关规定的，不得通过审查。

（二）工程建设管理处

负责拟订海绵城市建设过程中施工现场管理的相关政策。未按照有关海绵城市建设要求进行设计并通过施工图专项审查的建设项目，不得颁发施工许可证。建设单位组织竣工验收时，应当提供当地市政主管部门出具的《鹤壁市建筑工程海绵城市建设专项验收意见书》。

（三）市政管理科

负责制订海绵城市建设发展规划，拟订推进海绵城市建设的技术经济政策。负责对全市建设系统海绵城市建设工作的督导检查，定期向鹤壁市推进海绵城市建设领导小组汇报建设系统推进海绵城市建设工作进展情况。负责组织海绵城市建设专项验收，填写《鹤壁市建筑工程海绵城市建设专项验收意见书》。

（四）市工程质量监督站

负责海绵城市建设过程中的监督管理工作，做好监督交底。施工单位编制的《建筑工程施工方案》中应包括海绵城市建设实施专项内容。工程监理单位应当按照审查通过的施工图设计文件，对建筑工程进行监督。在巡查工作中，现场抽查，确保海绵城市建设的各项措施在建设工程实施工程中落实到位。加强对竣工验收工作的监督管理，对达不到我市海绵城市建设要求的建设项目，不予办理竣工验收备案手续。

《鹤壁市住房和城乡建设局关于加强海绵城市建设项目施工管理的通知》

第二条　施工企业应落实安全生产、文明施工、绿色施工措施。施工现场应符合环境、卫生、消防、交通、安全和文明施工、绿色施工管理的有关规定。项目负责人对本项目的安全生产管理全面负责。施工企业应根据规定在施工现场配备安全生产管理人员，专职安全生产管理人员对施工现场日常的安全监督检查负责。

《鹤壁市住房和城乡建设局关于加强海绵城市建设项目竣工验收管理的通知》

第一条　新建、改建、扩建的海绵城市建设项目，全部实行专项竣工验收。

第二条　海绵城市专项竣工验收程序分为两个阶段，第一阶段由监理单位组织进行竣工预验收。第二阶段由建设单位负责组织，工程勘察、设计、施工、监理等单位参加，工程质量督查部门参与监督。

第六条　工程质量监督部门要加强对竣工验收工作的监督管理，对达不到海绵城市建设要求的建设项目，不予办理竣工验收备案手续。

9.4　绩效考核制度

出台《鹤壁市海绵城市建设考核办法（管理单位）》《鹤壁市海绵城市建设考核办法（建设单位）》等文件，明确了责任落实与考核机制，构建"评价准确，权责明晰，奖罚分明"的工作考核模式，明确考核方式、考核程序和考核标准，并通过对管理单位、建设单位工作进行考核和督促，激发各相关单位工作的积极性和主动性。

将海绵城市建设与黑臭水体整治、城市防洪和排水防涝、水生态保护和修复、水环境治理等工作有机结合，将海绵城市建设内容纳入各相关部门的工作培训、干部培训交流中，按季度组织海绵城市培训、交流活动，并对业务能力实行督查、考核机制。

制定《鹤壁市新城区海绵城市建设水系生态治理工程PPP项目绩效考核办法》，明确PPP项目考核主体、方法、程序。同时结合项目实际情况，确定了包括年径流总量控制、生态岸线、水安全、水环境、初期雨水末端处理设施等指标的绩效考核体系和按效付费制度，明确了基于全生命周期的运维要求。

海绵城市绩效考核制度相关内容摘录
《鹤壁市海绵城市建设考核办法（管理单位）》

考核工作由鹤壁市海绵城市建设管理领导小组负责组织对相关单位进行考核。考核工作每年评定一次，考核组根据《鹤壁市城乡规划管理局　鹤壁市住房和城乡建设局关于印发〈鹤壁市海绵城市建设项目规划建设管理暂行办法〉的通知》鹤规〔2016〕15号明确的各职能部门管理职责的完成情况进行评定，在综合平衡的基础上测算出最终的考核结果并进行排名，报市督查考核奖惩及目标管理领导小组研究确定后在全市通报。

《鹤壁市海绵城市建设考核办法（建设单位）》

评定标准按百分制计算。每个项目具体分值根据完成情况酌情打分，对承担项目较多，完成情况较好，对接积极认真的建设单位，经市督查考核奖惩及目标管理领导小组研究可适当加分。其中，图纸审查部分分数为50分，按图施工部分分数为25分，按图监理部分分数为25分。

9.5　产业扶持政策

为充分激发市场参与的活力，发展海绵经济，提高企业创新积极性，推动产业转型升级，鹤壁市发改委、市海绵办联合出台了《关于支持海绵产业发展的实施意见》《关于鼓励海绵城市建设创新规划设计方法、施工工法、创新技术产品的通知》，制定了相关优惠奖励和优惠政策，鼓励企业在规划设计方法、施工工法、技术产品方面进行创新。

第10章

管控制度：全流程管控

按照项目类型，在常规管控流程中，融入海绵城市建设管控要求，实现项目的全流程管控。

10.1　项目管控流程

新建项目的管控流程主要包括项目建议书、建设项目选址意见书、建设用地规划许可证、可行性研究（涉及需要做可研的项目）、土地使用证、规划设计条件、方案设计审查、规划许可证、施工图设计审查、施工许可证、竣工验收、运行维护等阶段（图10-1）。通过相关的法规与政策保障，实现在项目常规管控流程中融入、增加海绵城市相关要求，进而确保新建项目中有效落实海绵城市理念和要求。

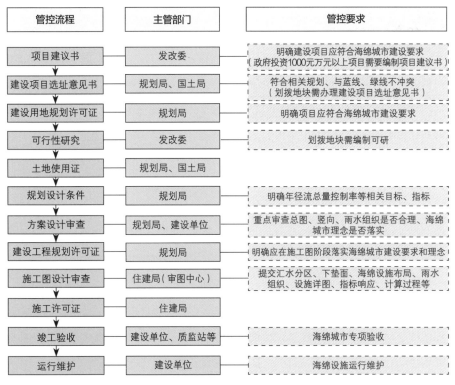

管控流程	主管部门	管控要求
项目建议书	发改委	明确建设项目应符合海绵城市建设要求（政府投资1000元万元以上项目需要编制项目建议书）
建设项目选址意见书	规划局、国土局	符合相关规划、与蓝线、绿线不冲突（划拨地块需办理建设项目选址意见书）
建设用地规划许可证	规划局	明确项目应符合海绵城市建设要求
可行性研究	发改委	划拨地块需编制可研
土地使用证	规划局、国土局	
规划设计条件	规划局	明确年径流总量控制率等相关目标、指标
方案设计审查	规划局、建设单位	重点审查总图、竖向、雨水组织是否合理、海绵城市理念是否落实
建设工程规划许可证	规划局	明确应在施工图阶段落实海绵城市建设要求和理念
施工图设计审查	住建局（审图中心）	提交汇水分区、下垫面、海绵设施布局、雨水组织、设施详图、指标响应、计算过程等
施工许可证	住建局	
竣工验收	建设单位、质监站等	海绵城市专项验收
运行维护	建设单位	海绵设施运行维护

图10-1　新建项目管控流程图

改建项目的管控流程主要包括项目建议书、可行性研究（涉及需要做可研的项目）、规划设计条件、方案设计审查、施工图设计审查、施工许可证、竣工验收、运行维护等阶段（图10-2）。通过相关的法规与政策保障，实现在项目常规管控流程中融入、增加海绵城市相关要求，进而确保改建项目中有效落实海绵城市理念和要求。

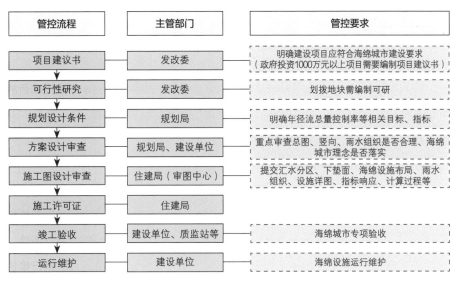

管控流程	主管部门	管控要求
项目建议书	发改委	明确建设项目应符合海绵城市建设要求（政府投资1000万元以上项目需要编制项目建议书）
可行性研究	发改委	划拨地块需编制可研
规划设计条件	规划局	明确年径流总量控制率等相关目标、指标
方案设计审查	规划局、建设单位	重点审查总图、竖向、雨水组织是否合理、海绵城市理念是否落实
施工图设计审查	住建局（审图中心）	提交汇水分区、下垫面、海绵设施布局、雨水组织、设施详图、指标响应、计算过程等
施工许可证	住建局	
竣工验收	建设单位、质监站等	海绵城市专项验收
运行维护	建设单位	海绵设施运行维护

图10-2　改建项目管控流程图

10.2　关键环节管控

10.2.1　发改立项

项目在发改委立项时，在项目建议书中明确需要落实的海绵城市建设要求，涉及需要进行编制可行性研究报告的项目（使用国家资金的项目、申请银行贷款的项目、须国土审批的项目、须环保审批的项目等），在编制的可行性研究报告中应设置海绵城市专章，对项目海绵城市建设的方式、可行性等进行论述。

项目建议书、可行性研究报告中缺少海绵城市相关内容的，发改委不予立项。

10.2.2　土地出让

建设项目在办理项目选址意见书、建设用地规划许可证、土地使用证时，规划局、国土局负责校核项目选址是否符合相关总规、控规的要求，并确保与《鹤壁市海绵城市专项规划》中确定的蓝线、绿线保护范围无冲突，否则不予办理。

10.2.3　规划许可

建设项目的规划设计条件由规划局出具，在规划设计条件中，依据《鹤壁市海绵城市专项规划》和《鹤壁市海绵城市试点区系统化方案》的相关内容，明确项目的年径流总量控制率等相关目标、指标及建设要求。

建设项目的方案审查由规划局负责，重点审查总图、竖向、雨水组织是否合理，海绵城市理念是否落实等内容，并根据审查结果出具审查意见。

规划局在办理建设工程规划许可证时，建设单位应出具《项目海绵城市方案设计审查通过意见》，对未通过方案审查的建议项目，规划局不予办理建设工程规划许可证。

10.2.4 施工图审查

为强化施工图审查，鹤壁市住建局在出台的《关于实行海绵城市建设闭合管理工作的通知》中明确要求"施工图审查不通过不得办理建设工程施工许可证"。

在施工图审查阶段，结合海绵城市建设需要，出台《鹤壁市海绵城市建设项目设计说明提纲暨设计指引》，要求所有设计单位按照指引进行说明书的撰写，并明确除正常的施工图内容外，要求提交"四图三表"：超标径流排放分区及路径设计图、雨水管渠系统设计图、低影响开发调蓄设施受纳汇水分区图、各分区下垫面类型设计图、海绵城市建设项目设施需求计算表、管控指标达标情况复核计算表、调蓄设施及其汇水区下垫面指标表。

考虑到建设海绵城市是新生事物，聘请中国城市规划设计研究院作为鹤壁市海绵城市建设的技术服务单位，配合住建局审图中心进行试点期内相关项目海绵城市专项设计的施工图审查工作，海绵城市试点期内共出具各类项目的施工图审查意见701份。

10.2.5 竣工验收

鹤壁市住建局在出台的《关于实行海绵城市建设闭合管理工作的通知》中明确要求"项目竣工验收的责任主体为建设单位，组织竣工验收时应进行海绵专项验收并出具《鹤壁市建设工程海绵城市建设专项验收意见书》"。

鹤壁市海绵办于2017年出台《鹤壁市海绵城市建设竣工验收办法&规程（试行）》，在验收规程中明确验收主体、验收方法和验收要求，将"建设方式不符合海绵城市建设理念、海绵工程各项设施没有发挥功能作用；未按图施工，且无完整的变更/洽商程序；无海绵城市工程设计施工图；无海绵城市工程设计施工图审图报告"作为竣工验收的单一否决项，并明确各类设施的打分项，要求整体上打分超过80分才可以通过海绵城市验收。

第11章

本地标准：海绵理念落地生根

为促使海绵城市建设标准化、规范化，结合试点建设，编制从设计导则到运维规程等一系列海绵城市本地标准规范，并根据实践经验对标准规范动态维护和更新完善，促使海绵理念落地生根。

11.1　标准体系

委托中国城市规划设计研究院编制《鹤壁市海绵城市建设项目规划设计导则》，为建设项目低影响开发雨水系统规划设计提供技术标准与方法指引。委托上海市建工设计研究院有限公司（鹤壁市海绵城市建设主要设计力量之一）结合鹤壁市海绵城市建设特点和实践经验，编制《鹤壁市海绵城市建设——低影响开发雨水工程标准图集》《鹤壁市海绵城市建设——低影响开发雨水工程设计手册（试行）》《鹤壁市海绵城市建设——低影响开发雨水工程竣工验收办法&规程（试行）》《鹤壁市海绵城市建设——低影响开发雨水工程运行维护规程（试行）》等，为海绵城市设计、施工及运营维护提供技术保障。雨水管渠系统和超标雨水径流排放系统的相关设计导则、标准图集和设计、施工及运营维护标准沿用现有国标。

委托宜水环境科技（上海）有限公司结合海绵城市模型搭建工作，编制《鹤壁市海绵城市试点区模型建设技术导则》，明确建模流程、建模方法与关键参数。

委托河南省城乡规划设计研究总院有限公司，结合本地植物耐淹、耐旱、耐盐碱等实验研究数据，编制了《鹤壁市城市绿化植物配置设计导则》（含海绵城市专章）。委托河南省建筑科学研究院有限公司、鹤壁市工程质量监督站联合编制了《鹤壁市海绵城市建设工程施工导则》，加强对海绵城市项目的施工管理和指导。

总体上，形成了包括设计导则、标准图集、设计手册、植物选型导则、施工导则、竣工验收规程、运行维护规程的完整的海绵城市规划标准体系，为海绵城市建设提供坚实的保障，并通过制度保障，使标准规范有效落实到全市范围内的相关新建、改建、扩建工程中（图11-1）。

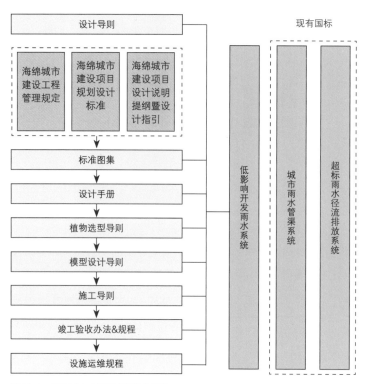

图11-1 海绵城市建设标准规范体系图

11.2 本地特色

上述标准规范是在充分结合鹤壁市气象、水文、地形、地质等本底特征的基础上，通过认真总结海绵城市试点建设实践经验，经过充分的调查研究，并广泛征求意见的基础上编制完成。

标准规范除包含海绵城市建设通用设施（透水铺装、生物滞留设施、雨水花园、植草沟、绿色屋顶、调蓄池、渗管等）外，也纳入了鹤壁海绵城市建设中摸索、探索出的特色设施（专利技术），包括限流式削峰雨水斗、雨水收集组合装置、道路雨水口初期雨水多级净化装置、初期雨水截污挂篮多级净化装置、雨水口臭气外溢控制装置等。

11.3 更新完善

结合海绵城市建设试点可复制、可推广做法经验模式的总结，将海绵城市建设推进过程中的好的经验和做法及时的纳入相关的标准规范中，实现标准规范的动态维护和更新完善。在2017年12月先后将"雨水排放口收水范围原则上不能超过2km²""用地规模低于1hm²的建筑小区应采用'雨水地表、污水地下'的雨污分流改造方式"等具有区域特征的做法作为强制性条款纳入《鹤壁市海绵城市建设设计手册（试行）》中。

第12章

监管平台：用数字说话

为科学推进海绵城市建设，突出海绵试点建设的示范意义和显示度，实现建设、运行、监测、考核一张图可视化展示，建立鹤壁市海绵城市监管信息化平台，以海绵城市综合数据库为基础，借助"互联网+"工具动态跟踪海绵城市建设效果，提供量化数据支撑，实现对海绵城市建设相关的多源、多格式、多类型数据的统一存储、统一管理，并实现与城市现有各类平台进行数据交换和共享，成为城市基础设施建设运维管理的综合性平台，功能包括在线监测、项目管理、绩效评估、信息播报、三维展示和公众参与等。

12.1 平台构建

鹤壁市海绵城市监管平台架构在WebGIS的底层ArcGIS Server之上，以B/S架构开发、以用户实际需求为导向，"统一平台、不同模块"，包括规划管理、项目管理、实时数据、监测评价、排水防涝管理等几大模块（图12-1）。

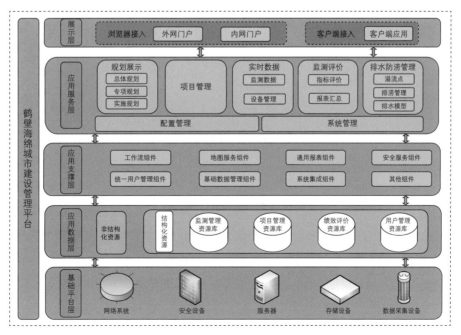

图12-1 海绵城市监管平台架构图

数据构建与监测评价。以在线监测设备为基础，全方位掌控试点区海绵系统运行状况，为运行管理、成效分析、应急调度等提供数据支撑。监测设备按照试点区、汇水区、排水分区、地块、建设项目多个层级进行设置，监测指标包括流速、流量、水质、雨量等各类指标（图12-2、图12-3）。平台可对各监测点位不同对象及类型的监测数据以图表结合的方式进行实时更新、展示与历史数据查询。以实时监测数据为依托，结合模型体系对试点区各层级海绵城市指标进行评估。通过平台可查看任一排水分区、地块、建设项目自监测以来的雨量、累计雨量、外排流量、累计外排流量的变化过程，以及年径流总量控制率变化曲线，直观展现海绵城市建设的效果。

图12-2　外排流量监测数据图

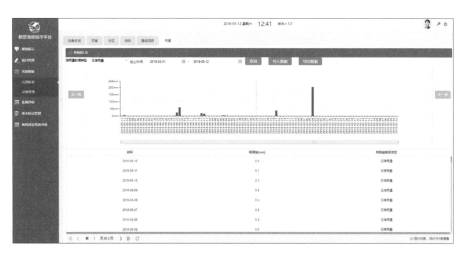

图12-3　雨量监测数据图

项目管理。该模块的实质是海绵城市建设管理的电子化办公平台和建设项目资料数据库，融合海绵建设项目的查询及统计分析功能，为海绵城市建设过程中各类项目的智慧管理提供强有力的支撑。该模块可记录并展现项目基本信息、边界及定位、项目类别、排水分区归属、建设进度、各阶段资料等，并与地图结合直观展现海绵城市建设的连片效应。

模型构建与监测评估。以城市内涝风险评估、灾害预警、应急管理及指挥调度为目标，通过模型体系中产汇流模块、地下管网模块、二维水动力模块及耦合模块的综合使用，可展现暴雨情境下任一管网节点溢流过程、管网压力变化过程、地面地块及道路雨水漫流演变过程。接入气象台降雨预报后，则可对未来内涝灾害情况进行分析预警，与监测体系结合，以便相关部门提前准备，及时调度，科学智慧，减轻及避免灾后损失。

结合建设片区和排水分区的划分，以及建设项目的安排，在水系上建设片区边界处设置河道水量水质监测点，在典型排水分区末端设置管道流量水质监测点，在主次干道交口设置地块流量监测点，在典型建设项目内设置流量水质监测点。其中，河道水量水质一体化监测站点10处、排水分区末端管道流量水质监测点10处、主次干道交口地块流量监测点48处、典型建设项目流量水质监测点25处，共计93处（图12-4）。

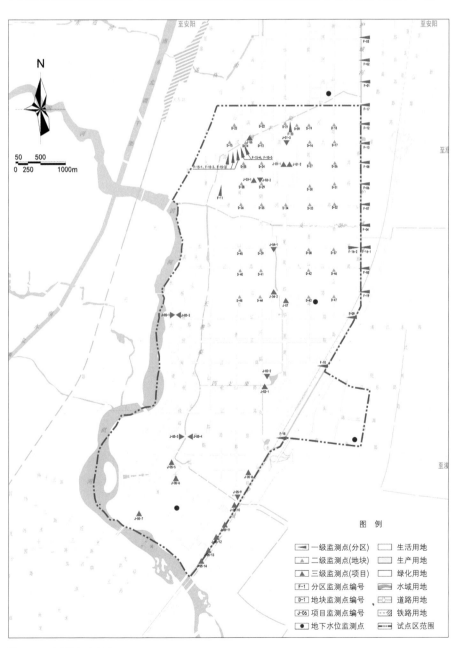

图12-4 监测设备分布图

12.2 运作机制

平台以用户需求为导向：项目管理功能服务海绵办、规划局、建设局等规划和建设管理部门，是海绵城市建设管理的电子化办公平台；监测评价功能服务PPP项目公司，支持水系等海绵城市建设项目的绩效考核、按效付费；排水防涝管理以及检测评价功能服务于市政处，支撑城区雨污分流改造、内涝点治理工作。

同时，管控平台与"智慧鹤壁"城管系统互联，实现信息共享、资料共享，成为智慧化城市管理的有机组成部分。

在"统一平台、不同模块"的原则下，采用账户控制，对不同单位开放不同模块的使用权限，使平台真正地"用起来、活起来"。

12.3 平台使用

2017年7月，海绵城市建设监管平台系统完成开发；2017年11月，平台进入试运营阶段，与"智慧鹤壁"实现互联；2017年12月，平台实现稳定运行。目前监管平台主要用于以下两个方面：

12.3.1 防涝预警与决策支持

对排水管内水位、路面积水、雨情等进行天上、地上、地下的全方位实时动态监测，构建三维立体的内涝在线监测感知网络。

利用地形、管网、在线监测、气象信息及历史内涝数据（含一雨一报），建立防涝预警水力模型，仿真分析排水管网运行和城市内涝风险，为防涝应急预案的制定和提前布防提供支撑。

通过视频监控、抢险人员现场上报等多个渠道，实时掌握防涝现场情况，总体监控全市内涝应急动态，科学合理调度决策，最终达到由被动防御向主动预警转变的防涝工作目标。

选择相应的降雨情景时，平台可模拟降雨情景下不同时间点试点区各个位置的地面积水情况，为用户做好防涝工作安排提供决策参考（图12-5）。

12.3.2 项目管理与绩效评价

借助项目管理模块，海绵办、建设单位等管理部门人员对全市所有海绵城市建设项目进行监督和管理，通过该部分可以查看海绵项目分布情况、海绵项目建设进度、海绵项目分类、海绵项目统计、查询检索等。

以"一张图"展示鹤壁海绵城市建设整体状况。包括总体项目分布、建设进度、统计图，以及单一项目的概况、阶段进行情况、文档资料下载等(图12-6)。

通过地图和统计等方式，可视化介绍海绵建设项目情况，包括建设名称、建设规模、建设单位、完成进度、阶段报表、文档等。

通过地图的方式展示全市海绵项目的地理分布情况，同时利用图标简洁、方便、直观地展示每个项目的施工进度情况。另外通过统计图表的形式将鹤壁市所有

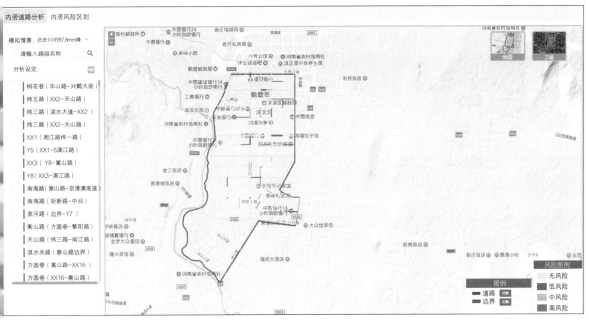

图12-5 雨量监测数据图

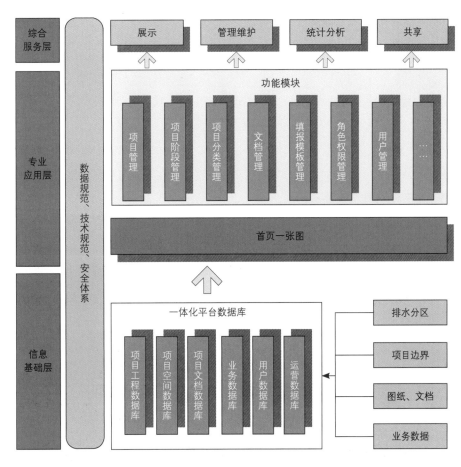

图12-6 项目管理模块架构图

海绵项目分类汇总，并展示给管理用户，使管理者方便地做到心中有数。此外，借助快速查询功能，快速锁定所查询的项目，便于对项目的快速查询和定位。也可以通过项目分类或排水分区筛选项目。在首页提供创建项目、修改项目、进度填报等快捷功能入口，方便有权限的用户能快速编辑维护。

监测评价模块包括指标评价和报表汇总两个功能，通过对监测设备采集的雨量数据和外排水量数据进行综合分析，计算出各个排水分区的年径流总量控制率、排水总量与累计流量情况，反映各个片区的建设成效，实现海绵城市建设效果的量化评价(图12-7、图12-8)。

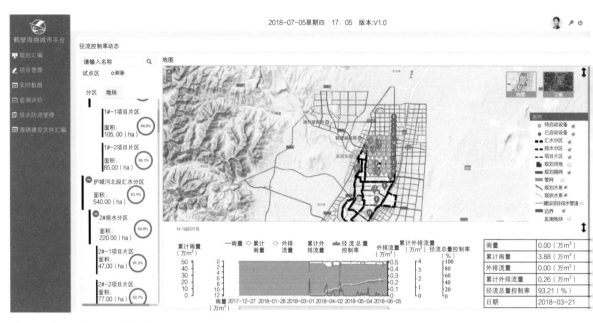

图12-7 建设项目监测评价示例图

图12-8 平台实景

肆
FOUR

试点成效篇
PILOT RESULTS

第13章

项目实施：从源头到过程到末端

结合试点区的特征与问题，坚持目标导向和问题导向，以《鹤壁市海绵城市试点区系统化方案》为指引，以汇水分区为单位，按照"源头减排、过程控制、系统治理"的理念推进海绵城市试点工作，实施"从源头到过程到末端"的建设项目。

13.1 总体项目

截至目前，试点期内所有既定项目全部完成，共实施了273项工程建设项目和3项配套能力建设项目，实现连片效应。其中，建筑小区类项目165项、绿地广场类项目43项、城市道路类项目53项、雨污分流类项目2项，防洪与水源涵养类项目2项、河道治理类项目8项（表13-1、图13-1）。

各片区建设项目统计详表

表13-1

分区名称	排水分区类项目（个）	建筑小区类项目（个）	绿地广场类项目（个）	城市道路类项目（个）	雨污分流类项目（个）	防洪与水源涵养类项目（个）	河道治理类项目（个）	项目数量（个）
棉丰渠片区	1	14	0	4	0	0	1	19
护城河北部片区	2	67	18	23	2	1	2	113
护城河中部片区	2	48	12	6	0	0	2	68
护城河南部片区	4	8	6	14	0	0	1	29
淇河片区	2	19	6	3	0	0	0	28
天赉渠片区	2	4	1	2	0	0	1	8
刘洼河片区	1	5	0	1	0	0	0	6
试点区外	—	0	0	0	0	1	1	2
合计	14	165	43	53	2	2	8	273

图13-1　海绵城市试点建设项目分布图

13.2　分区项目

　　针对各片区的特征和问题，分别采用针对性的建设策略。棉丰渠片区的建设重点是易涝点治理、雨污分流改造；护城河北部片区、护城河中部片区、天赉渠片区的建设重点是黑臭水体治理；淇河片区的建设重点是淇河水环境保障；天赉渠片区、刘洼河片区内现状开发比例相对较低，重点是保护现有生态要素，确保地块开发时落实海绵城市建设要求（图13-2~图13-8）。

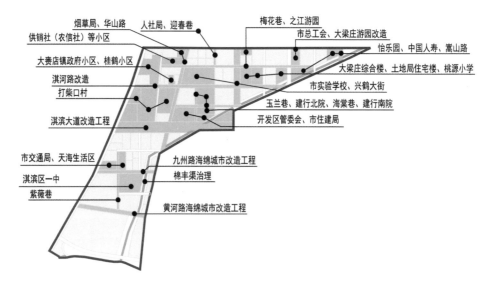

图13-2 棉丰渠片区项目分布图

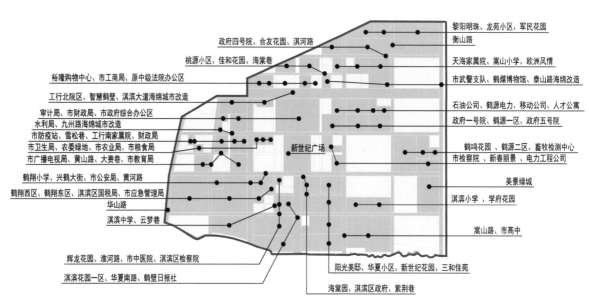

图13-3 护城河北部片区项目分布图

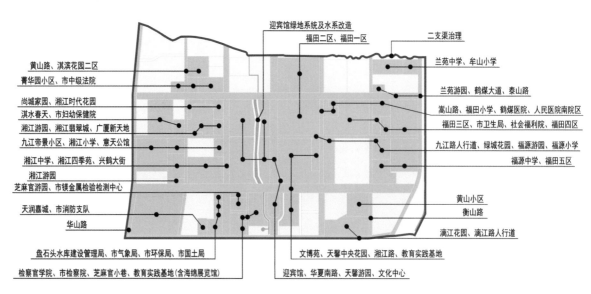

图13-4 护城河中部片区项目分布图

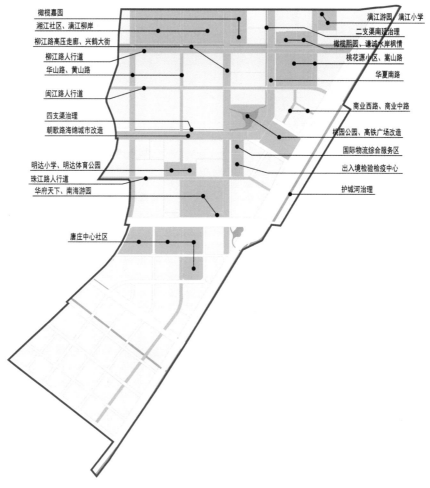

橄榄嘉园
湘江社区、漓江柳岸
柳江路高压走廊、兴鹤大街
柳江路人行道
华山路、黄山路
闽江路人行道
四支渠治理
朝歌路海绵城市改造
明达小学、明达体育公园
珠江路人行道
华府天下、南海游园
唐庄中心社区

漓江游园、漓江小学
二支渠南段治理
橄榄熙园、谦诚水岸枫情
桃花源小区、嵩山路
华夏南路
商业西路、商业中路
榄园公园、高铁广场改造
国际物流综合服务区
出入境检验检疫中心
护城河治理

图13-5　护城河南部片区项目分布图

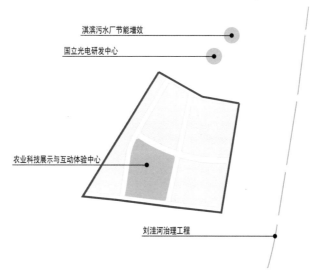

淇滨污水厂节能增效
国立光电研发中心

农业科技展示与互动体验中心

刘洼河治理工程

图13-6　刘家河片区项目分布图

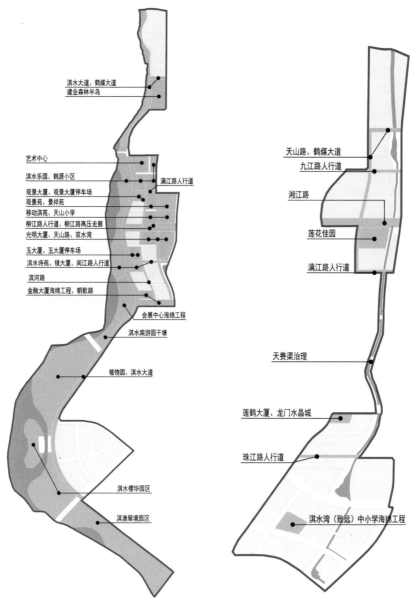

淇水大道、鹤煤大道
建业森林半岛

艺术中心
淇水乐园、鹤源小区
漓江路人行道
观景大厦、观景大厦停车场
观景苑、景祥苑
移动淇苑、天山小学
柳江路人行道、柳江路高压走廊
光明大厦、天山路、双水湾
玉大厦、玉大厦停车场
淇水诗苑、镇大厦、闽江路人行道
滨河路
金融大厦海绵工程、朝歌路
会展中心海绵工程
淇水南游园干塘
植物园、淇水大道

淇水樱华园区
淇澳翠境园区

天山路、鹤煤大道
九江路人行道
湘江路
莲花佳园
漓江路人行道

天赉渠治理

莲鹤大厦、龙门水晶城
珠江路人行道
淇水湾（致远）中小学海绵工程

图13-7 淇河片区项目分布图   图13-8 天赉渠片区项目分布图

13.3 典型项目

1. 三和佳苑项目

三和佳苑小区为老旧小区，占地面积6.4hm²，位于护城河北部片区。主要建设内容包括透水铺装、卵石排水沟、线型排水沟、下凹绿地、雨水花园等雨水控制系统，以及路面白改黑、绿化修复等景观综合提升工程等。通过海绵城市改造，在源头减排的同时实现了径流污染的控制，降低了进入护城河的面源污染负荷，同时结合海绵改造有效提升了小区人居环境（见图13-9）。

图13-9　三和佳苑实景

2. 市教育局项目

项目占地面积1.6hm²，位于护城河北部片区。该项目建设了PP蓄水模块，实现雨水资源化利用，此外还应用了多项鹤壁本地的专利技术，如海绵城市大小雨水分流排放装置、雨水口防臭防倒流装置等（图13-10、图13-11）。

图13-10　市教育局项目实景（一）

图13-11　市教育局项目实景（二）

3. 市应急管理局项目

项目占地面积0.26hm²，位于护城河北部片区。该项目创新性地采用了将合流管保留作为污水管、新建线型排水沟作为雨水管的雨污分流改造方式，实现"雨水走地表、污水走地下"（图13-12）。这种改造方式不仅可以减小对现状路面的破坏、降低工程造价，还可避免产生新的混接、错接。此外，该项目应用了专利技术"蓝色屋顶"，通过滞留雨水、调节流量来延长排放时间、削减峰值流量。

图13-12　市应急管理局项目实景

4．桃园公园项目

项目占地面积10.66hm²，位于护城河南部片区。主要建设内容包括透水铺装、植草沟、旱溪、雨水花园、细砂渗水池、卵石渗水池、生物滞留带、蓄水模块等雨水控制系统，以及雨水资源化利用系统等。通过公园的建设，协调其周边高铁广场等片区约20hm²建设用地的雨水控制任务，并将收集到的雨水净化后用于绿地浇洒，实现资源化利用（图13-13、图13-14）。

图13-13　桃园公园项目实景（一）

图13-14 桃园公园项目实景（二）

5. 淇水大道项目

项目总长度3.4km，位于淇河片区，改造前为易涝点。海绵城市建设过程中，构建了"源头减排、排水管渠、排涝除险"的立体内涝防控体系，通过源头海绵化改造、雨水截流等措施，降低了进入该区域的雨水量，对排水管渠按照2年一遇进行提标改造，在地势低洼处建设超标径流入河通道，有效地解决了内涝问题（图13-15）。

图13-15　淇水大道项目实景

6.嵩山小学项目

　　嵩山小学占地面积2.4hm²，位于护城河北部片区。主要建设内容包括雨水花园、下沉绿地、透水铺装广场、地埋式渗蓄模块等。通过海绵城市改造，在源头减排的同时实现了径流污染的控制，降低了进入护城河的面源污染负荷（图13-16）。

图13-16　嵩山小学项目实景

7. 淇滨大道项目

淇滨大道位于鹤壁市市政府北部，全长3.9km，是一条城市迎宾大道。考虑到淇滨大道原有景观效果较好、建设年代较新，采用结合雨水口分布的分段微改造方式，在绿化隔离带内间隔30m左右建设雨水花园组合设施（底部含调蓄池），实现径流总量和径流污染控制目标的同时，降低了对原有道路的影响（图13-17）。

图13-17　淇滨大道项目实景

8．楝花巷项目

楝花巷原有景观效果差、路面破损严重。结合海绵城市建设，对道路进行整体上的更新提升改造，路面采用白改黑，人行道进行透水铺装改造，在人行道两侧的绿化带内建设带状雨水花园，实现道路路面的雨水控制，显著提升了道路的整体景观效果（图13-18）。

图13-18 楝花巷项目实景

第14章

建设成效：老百姓获得感最重要

坚持目标导向和问题导向，以建设片区为单位，按照"源头减排、过程控制、系统治理"的理念，强力推进项目建设，有序推进试点建设工作。主要取得以下成效：

14.1 城市人居环境显著改善

在水环境治理方面，变"头痛医头"为"系统治水"，整治现状河道26km，修复和新建水体12km。根据最新水质监测数据，护城河黑臭水体已经消除，城市内河全部实现了Ⅳ类及以上水质标准，呈现出"水清岸绿"的美好景象。淇河水质在全省60条城市河流中连年排名第一，责任目标断面水质达标率100%。通过3年多的试点建设，共新建18处海绵型公园绿地，总面积165hm²，试点区绿化覆盖率提高5.54%；试点区内水面率由3.3提高至4.02%，基本实现步行5min即可欣赏水景（图14-1～图14-5）。

图14-1 改造后的城市内河实景（一）

图14-2 改造后的城市内河实景
（二）

图14-3　改造后的城市内河实景（三）

图14-4 改造后的城市内河实景（四）

图14-5 改造后的城市内河实景（五）

14.2　良性水文循环初见成效

据统计，雨水资源化利用项目的总调蓄容积为7194m³，年雨水直接利用量为22.5万m³，雨水替代自来水比例为1.23%，达到实施方案批复要求。

此外，海绵城市试点实施后，通过雨水资源化利用、污水资源化利用等措施降低了地下水开采量，并通过源头海绵建设、水系生态修复等措施增加了地下水回补量，使地下水位的下降趋势得到了明显缓解，其中唐庄监测点最枯水位较2014年上升了约2.98m，年平均水位上升了约1.49m，地下水位实现稳步回升，良性水文循环初见成效（图14-6、图14-7）。

图14-6　雨水调蓄池施工现场图

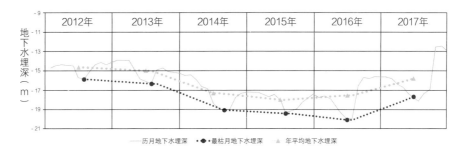

（a）田山地下水埋深历年变化

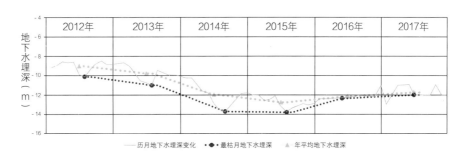

（b）郭小屯地下水埋深历年变化

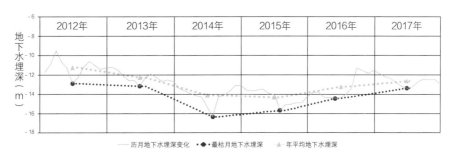

（c）唐庄地下水埋深历年变化

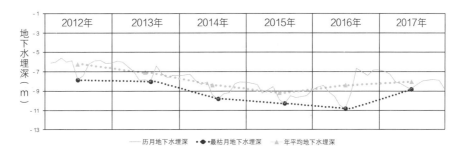

（d）钜桥地下水埋深历年变化

图14-7　各监测点地下水埋深变化

14.3　历史水脉文化传承发扬

　　海绵城市建设过程中，结合淇河水环境保障需求，在淇河城区段两岸建设宽度为200～500m公园绿地，主要包括淇水诗苑（图14-8）、淇水乐园、朝歌文化园等，形成了以淇河为载体，以诗经文化为主题，融淇河诗文化、淇河风情、鹤壁人文、朝歌文化于一体的带状文化主题公园。

　　在新城区水系PPP项目中，对天赉渠进行系统整治，重新实现了水系贯通，并在两岸公园绿地建设中，融入天赉渠文化元素，治水的同时在提升水文化上做足文章，实现了历史水脉文化的传承发扬。

图14-8　淇水诗苑实景

14.4　老百姓获得感大幅提升

　　按照"源头减排、排水管渠、排涝除险"理念打造排水防涝体系，全部完成易涝点改造，整体上实现30年一遇的内涝防治标准。在2016年7月8日~9日遭遇252.72mm、2016年7月19日~20日遭遇311.3mm（超过30年一遇）两场极端降雨时，试点区成功经受住了暴雨考验，未出现严重内涝现象，局部积水点基本在30min以内消退。据了解，当时在安阳、新乡、郑州等地均出现了内涝灾害，"平安鹤壁"成为美谈（图14-9、图14-10）。

图14-9　试点建设前易涝点照片

图14-10　试点建设后暴雨后照片

在老旧小区海绵城市改造过程中，结合民生需求，实施了生态停车位改造、绿化提升等配套工程，显著提升了居住品质和环境（图14-11~图14-15）。在建行北院等老旧小区中，海绵改造后，老百姓非常满意，并主动申请组建了小区党支部，负责整个小区的环境以及海绵设施维护管理等。

图14-11　建行北院改造前

图14-12　建行北院改造后

图14-13　三和佳苑小区改造前

图14-14　三和佳苑小区改造后

图14-15 淇河沿线红飘带

14.5 高质量发展呈现新篇章

据统计，海绵城市试点建设以来，共孵化海绵城市相关企业10家，海绵城市建设为全市带来新增就业岗位约1.3万个，创造财政税收约2.8亿元。通过海绵城市试点建设，大幅改善了城市人居环境，提升了城市综合竞争力，促进了经济转型发展，第三产业比重从2014年的17.9%提升至2018年的28.1%（图14-16）。

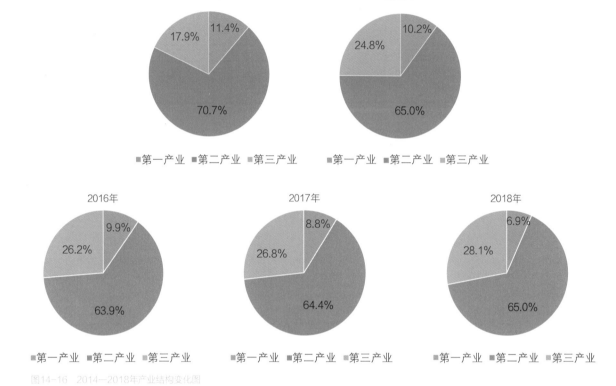

图14-16　2014—2018年产业结构变化图

14.6 其他相关成效

14.6.1 径流总量控制实现预期

采用Infoworks ICM模型软件构建了试点区排水系统水文水动力模型，并利用2场实测降雨下的监测数据对模型参数进行率定，利用另外2场实测降雨下的监测数据验证了模型参数精度，率定后模型参数精度满足纳什效率系数大于0.5的要求。

利用率定验证后的模型参数模拟试点区遭遇典型年2011年降雨（间隔5min数据）时的产汇流情况。模拟结果显示，整个试点区的年径流总量控制率为70.6%，实现了顶层设计和实施方案的相关要求。其中，护城河北部片区、护城河南部片区、护城河中部片区、刘洼河片区、棉丰渠片区、淇河片区、天赉渠片区的年径流总量控制率分别为69.7%、69.0%、73.0%、61.0%、68.4%、80.1%、64.1%（表14-1）。

试点区年径流总量控制率软件模拟评估结果表 　　　　　　　　　　　　　　　　　　　　表14-1

建设片区名称	评估结果	建设片区名称	评估结果
护城河北部片区	69.7%	棉丰渠片区	68.4%
护城河南部片区	69.0%	淇河片区	80.1%
护城河中部片区	73.0%	天赉渠片区	64.1%
刘洼河片区	61.0%	—	—
总体	—	—	70.6%

14.6.2　面源污染得到有效控制

采用Infoworks ICM模型软件，以TSS为对象来评估鹤壁市海绵城市试点区雨水径流污染削减效果。模拟结果显示，当遭遇典型年2011年降雨（间隔5min数据）时，整个试点区的TSS削减率为41.3%。其中，护城河北部片区、护城河南部片区、护城河中部片区、刘洼河片区、棉丰渠片区、淇河片区、天赉渠片区的年雨水径流TSS削减率分别为41.9%、41.7%、46.3%、17.2%、42.8%、42.5%、38.5%（表14-2）。

试点区面源污染削减率（以TSS计）软件模拟评估结果表 　　　　　　　　　　　　　　　表14-2

建设片区名称	评估结果	建设片区名称	评估结果
护城河北部片区	41.9%	棉丰渠片区	42.8%
护城河南部片区	41.7%	淇河片区	42.5%
护城河中部片区	46.3%	天赉渠片区	38.5%
刘洼河片区	17.2%	—	—
总体	—	—	41.3%

14.6.3　城市防洪实现全面达标

盘石头水库，位于鹤壁市区西北部20km处的淇河上游，是一座以防洪、供水为主，兼顾灌溉、发电等综合利用的大（Ⅱ）型水利枢纽工程，其防洪标准为100年一遇设计，2000年一遇洪水校核。水库控制流域面积1915km^2，总库容6.08亿m^3。盘石头水库的建设有力地提升了淇河的防洪能力（图14-17）。

根据《鹤壁市防洪排涝规划（2011—2020）》计算结果，经盘石头水库调蓄后，淇河试点区段（107国道至京港澳高速公路）50年一遇的流量为3140m³/s。

目前，淇河两岸结合城市景观全部进行了整治，淇河试点区段的现状过流能力约为4000m³/s，大于50年一遇洪水流量3140m³/s，全线满足50年一遇防洪标准要求。

14.6.4 生态岸线修复成效显著

在水系整治项目推进过程中，根据河道形态、宽度、现状情况及周边用地条件，结合上位规划对水系宽度的要求，针对性对改造和新建河道选择了适宜的生态岸线建设形式。

1. 护城河

护城河全段均采用生态岸线的改造形式。边坡防护采用两种形式：一种为生态雷诺护垫加生态护坡，另一种为土工格室加生态护坡的形式，坡比大于等于1∶1.5（图14-18）。

2. 棉丰渠

棉丰渠原河道两侧均为毛石驳岸，驳岸生硬破旧，自净修复能力较差，边坡较陡，稳定性差，存在安全隐患。水系治理中对毛石驳岸进行拆除，采用生态护坡进行岸线打造。棉丰渠的边坡防护采用两种形式：一种为格宾石笼加生态护坡，另一种为土工格室加生态护坡的形式，坡比大于等于1∶1.5（图14-19）。

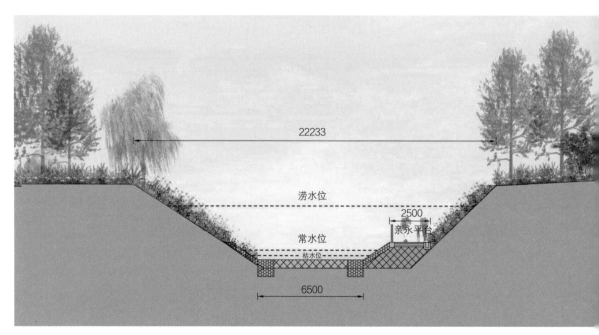

图14-18 护城河断面设计图

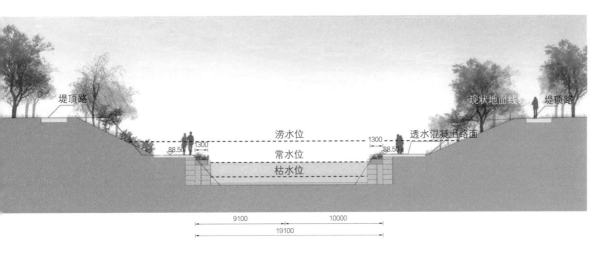

图14-19　棉丰渠断面设计图

3．二支渠

二支渠渠首至兴鹤大街段（长1.1km）原河道为自然式驳岸，结合两侧用地条件和居民休闲活动需要，通过设置亲水平台、游步道等亲水设施，增加水系的亲水性。

兴鹤大街至嵩山路段（长1.9km），周边高端居住、学校较多，采用自然边坡形式，营造水岸交融的景观效果（图14-20）

4．二支渠南延

二支渠南延为新建河道，采用生态岸线的建设形式。边坡防护采用自然放坡，坡比大于等于1：1.5（图14-21）。

图14-20　二支渠断面设计图

5. 四支渠

四支渠为新建河道，采用生态岸线的建设形式。边坡防护采用自然放坡，坡比大于等于1∶1.5（图14-22）。

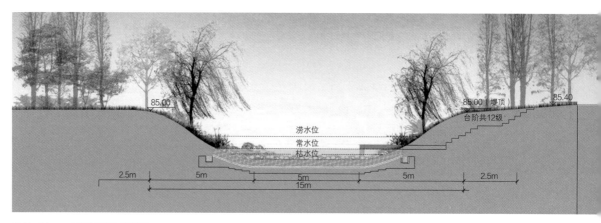

图14-21 二支渠南延断面设计图

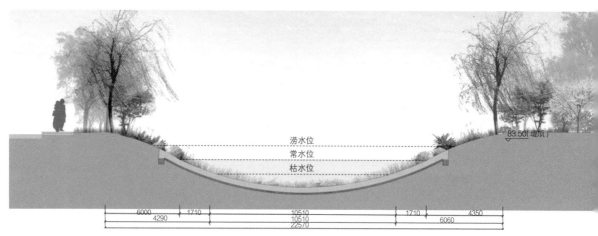

图14-22 二支渠南延断面设计图

6. 天赉渠

天赉渠通过改造恢复河体自然形态，提高亲水性，增强生物多样性。河道边坡采用自然放坡的形式，坡比大于等于1∶1.5（图14-23）。

7. 总结

目前城市水系整治工作中，除部分河段由于两侧建设的原因难以改造为生态岸线外，其余均按照生态岸线要求进行改造或建设。棉丰渠原有"三面光"岸线长度为2800m，全部完成改造；护城河原有"三面光"岸线长度为637m，全部完成改造；"三面光"岸线改造总长度为3437m。城市水系中原有自然土坡全部按照生态岸线形式进行提升，新建水系全部按照生态岸线形式进行建设。

水系整治项目实施完成后，棉丰渠生态岸线比例为100%，天赉渠生态岸线比例为92.7%，护城河生态岸线比例为100%，二支渠生态岸线比例为74%，四支渠生态岸线比例为100%，二支渠南延生态岸线比例为100%。总体上，试点区内城市内河生态岸线比例为95.8%（表14-3）。

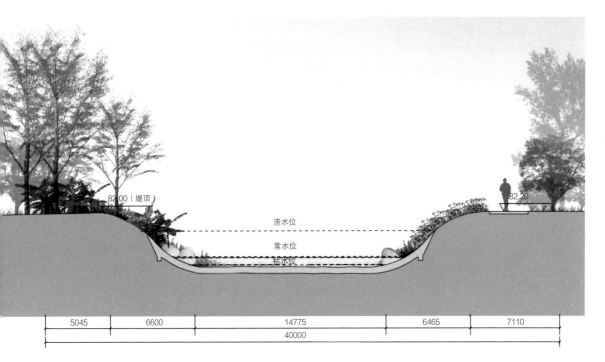

82.00（堤顶）

涝水位

常水位

枯水位

82.20

| 5045 | 6600 | 14775 | 6465 | 7110 |

40000

图14-23 天齐渠断面设计图

试点区城市水系生态岸线改造详表 表14-3

类别	棉丰渠	天赉渠	护城河	二支渠	四支渠	二支渠南延
河道总长（km）	4.0	8.9	12.3	3.0	1.2	4.4
改造前生态岸线主要类型	浆砌块石挡墙	自然土坡	自然土坡	自然土坡	新建水系	新建水系
改造前"三面光"生态岸线长度（m）	2800	650	637	780	0	0
"三面光"生态岸线改造长度（m）	2800	0	637	0	0	0
改造后生态岸线长度（km）	4.0	8.25	12.3	2.22	1.2	4.4
生态岸线比例	100%	92.7%	100%	74%	100%	100%

　　通过生态岸线的建设，在河道常水位至陆域控制线范围内构建了完整的、适应水陆梯度变化的植物群落，有效提升了河道的生态功能和景观效果。

14.6.5　天然水域得到有效保护

　　在推进海绵城市建设过程中，注重对水系、坑塘、洼地的保护，杜绝填占水体开发建设行为。

　　结合城市用地空间布局和排涝需求，在保留和修复天赉渠、护城河、棉丰渠、二支渠等现状河道的基础上，新建二支渠南延、四支渠2条河道，打通断头河，提高水系连贯性，打造景观游园、局段大水面、雨水调蓄塘、雨水湿地等关键节点，整体上形成环绕在美丽鹤城上的"绿色翡翠项链"。其中二支渠南延段新增水面面积3.9hm²，四支渠新增水面面积1.9hm²，桃园公园新增水面面积2.6hm²。

结合试点建设前后的遥感对比分析结果可以看出，2014年试点区内天然水域面积为1.11km²，占试点区总面积的3.72%，2018年试点区内天然水域面积为1.2km²，占试点区总面积的4.02%，天然水域面积增加0.09km²（图14-24~图14-26）。

示范区海绵建设前下垫面统计		
类型	面积（km²）	占比（%）
屋面	8.2	27.5
绿地	7.21	24.18
裸地	4.54	15.22
硬地	3.68	12.34
水面	1.11	3.72
道路	5.08	17.04

图例　试点区范围　硬地　屋面　水面　绿地　道路　裸地

N

0　0.5　1
km

图14-24　试点区下垫面遥感解析图（2015年）

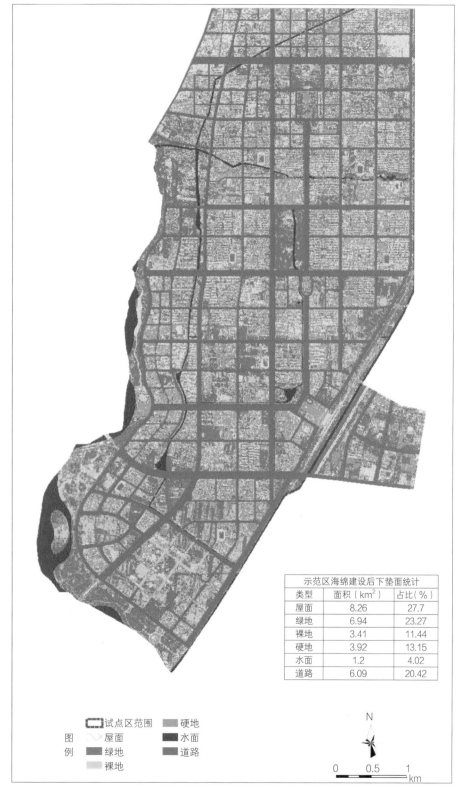

示范区海绵建设后下垫面统计		
类型	面积（km²）	占比（%）
屋面	8.26	27.7
绿地	6.94	23.27
裸地	3.41	11.44
硬地	3.92	13.15
水面	1.2	4.02
道路	6.09	20.42

图例
试点区范围 硬地
屋面 水面
绿地 道路
裸地

N

0　0.5　1
km

图14-25 试点区下垫面遥感解析图（2018年）

图14-26　淇河国家湿地公园

伍
FIVE

资金保障篇
CAPITAL GUARANTEE

第15章

投资融资：多渠道资金保障

为有效落实海绵城市建设资金、切实保障建设进度，探索建立多渠道资金保障制度，真正做到"用好奖补资金、加大地方配套、引进社会资本"。

15.1　奖补资金

在海绵城市试点建设过程中，争取到国家财政奖补资金12亿元，争取到省级奖补资金1.2亿元，为试点建设的稳步、顺利推进提供了坚实的保障。

15.2　地方配套

为有效保障海绵城市建设进度和效果，通过多方筹措，积极探索城市建设资金筹措机制，加大政府投入和统筹力度，确保试点建设资金及时到位。

试点建设以来，各级财政部门通过整合现有城建专项资金、统筹土地出让收益、收回存量资金、地方政府债券转贷等途径，筹措并设立海绵城市建设专项资金，合计配套8.79亿元。

15.3　社会资本

创新投融资模式，拓宽海绵城市投入渠道。通过鼓励政府和社会资本合作（PPP）模式等，大力吸引社会资金，推行海绵城市建设PPP投融资模式，吸引社会资本广泛参与海绵城市建设，缓解政府财政压力。

考虑到新城区水系生态治理项目属于基础设施、公用事业项目，具有市场化程度较高、投资规模较大、合作期限长等特点，符合国家及省市有关PPP模式要求，采用PPP模式进行推进，按海绵城市建设要求标准进行整体设计和建设（图15-1）。此外，淇河湿地水源涵养、朝歌文化园等项目采用企业开发等模式，吸引社会资本，缓解财政压力。

海绵城市试点建设通过以上方式，累计吸引社会投资13.32亿元。

图15-1 PPP 项目签约仪式

第16章

资金管理：管好用好钱袋子

为加强和规范海绵城市建设资金管理，提高资金使用效益，保障资金安全，建立从资金使用到运维费用保障的全流程管控制度，真正实现"管好用好钱袋子"。

16.1 资金使用管理

1．建章立制规范

为加强和规范海绵城市建设资金管理，市海绵办颁布了《鹤壁市海绵城市建设财政补助奖励办法》（鹤海绵办〔2015〕3号）、《鹤壁市海绵城市建设资金筹措方案》（鹤海绵办〔2016〕6号）、《海绵城市项目单位财务管理暂行办法》（鹤海绵办〔2016〕7号）、《鹤壁市海绵城市建设成本补偿保障办法（试行）》（鹤海绵办〔2016〕8号）等文件，对海绵城市建设资金的筹集、分配、使用等进行了规范，从制度层面保证海绵城市建设资金的安全有效使用。

2．严格支付程序

严格按照《城市管网专项资金管理暂行办法》、国家基本建设财务制度及市财政相关制度的规定和要求，做好资金的划拨工作。对海绵城市建设资金按照指标分配文件及时划拨，纳入预算管理。资金支付时，由主管单位或项目实施单位根据项目实施进度，提出资金拨付申请，经财政部门审核并报政府审批后，按国库集中支付程序拨付。

3．强化监督检查

采取定期督导检查、上报数据报表等方法，加强对海绵城市建设资金预算执行、资金使用效益和财务管理等监督检查，跟踪海绵资金分配、使用、管理、绩效等情况。

16.2 收益机制建设

为保障海绵城市建设长期稳步推进，市海绵办出台了《鹤壁市海绵城市建设成本补偿保障办法（试行）》，针对项目类型建立收益机制，明确政府补贴标准。

《鹤壁市海绵城市建设成本补偿保障办法（试行）》中将项目类型分为新建项目

和改建项目，并分别根据项目特点和类型明确收益机制和政府补贴标准（图16-1）。

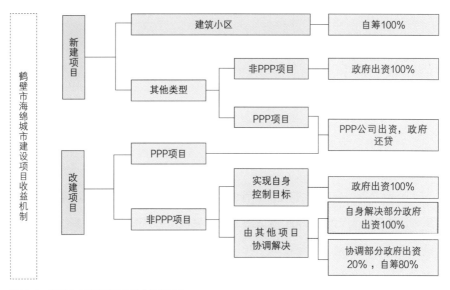

图16-1 海绵城市建设项目收益补贴机制图

对于新建项目，分成建筑小区类项目和其他类型项目。对于建筑小区类项目，考虑到海绵城市建设会有效提升小区品质，促进小区房屋升值，海绵城市在新建项目中不会明显增加投资等特点，海绵城市建设资金由开发单位自筹。其他类型项目主要是市政道路类项目、水系整治项目、绿地广场类项目等，分成了PPP项目和非PPP项目。非PPP项目的海绵城市建设所需资金由政府全额出资，PPP项目采用PPP公司出资、政府还贷的方式筹措资金。

对于改建项目，分成PPP项目和非PPP项目。PPP项目的海绵城市建设资金，由PPP公司出资、政府进行还贷。对于非PPP项目，根据项目设计方案和建设情况，分为实现自身海绵城市控制目标的项目和由其他项目协调解决海绵城市控制目标的项目。对于实现自身海绵城市控制目标的非PPP项目，全部由政府出资。对于由其他项目协调解决海绵城市控制目标的非PPP项目，自身解决的部分，由政府全部出资；由其他项目协调解决所产生的费用，政府出资20%，开发单位自筹80%。通过差异化的补贴办法，促进各项目主体单位尽可能通过合理的设计、建设实现本项目的海绵城市建设目标。

海绵城市建设所带来的政府收益主要包括直接经济收益与间接经济收益两部分。

直接经济收益包括地块开发增值收益、水系商业开发收益、污水处理费收入、再生水利用收入等。地块开发增值收益，根据相关上位规划，现有生态水系治理区域可开发的土地约有4000亩，按每亩增值50万元计算，预计可带来约20亿元的土地增值收益。水系商业开发收益，依据水系而建的商业水街开发项目，开发面积约5万m²，投资约1.8亿元，预计能实现商业增值约5亿元。污水处理费收入，按水务集团统计数据，年售水2600万t，居民污水处理费0.95元/t（占比40%），非居民1.40元/t（占比60%）测算，可实现污水处理费3172万元/年；自备井用户年用水量约

800万t，可实现污水处理费1120万元，两项合计约4292万元。再生水利用收入，根据试点区相关污水厂的污水处理能力，每年可出售再生水约2190万t，按1元/t测算，每年可实现收入2190万元。

间接经济效益，主要是土地增值、商业开发及海绵投资相关税收。据统计，土地开发增值收益、商业开发及海绵投资部分需缴纳契税、增值税、城市维护建设税、企业所得税等约8.01亿元。

综上，海绵城市建设带来的直接经济收益与间接经济收益合计约33.66亿元。

16.3 运维费用保障

为保障海绵城市运营维护费用得到有效落实，确保海绵城市各项设施正常运行、发挥长期效益，市海绵办于2017年出台了《鹤壁市海绵城市运营维护费用保障方案》，明确了海绵城市运营维护费用保障原则：一是政府事权分级负担。根据海绵城市建设项目的责任主体进行划分，运营维护费用分别由市级及相关城区负担。二是运营维护费用纳入预算。海绵项目的运营维护费用分类别进行审定，综合考虑物价水平等各种因素，纳入中长期财政规划和年度预算。三是建设模式差异支付。政府全额投资建设项目按照项目建设运营维护国家标准，按照预算支付；采用PPP模式建设的项目依据合作协议，采用绩效付费的方式考核支付（图16-2）。

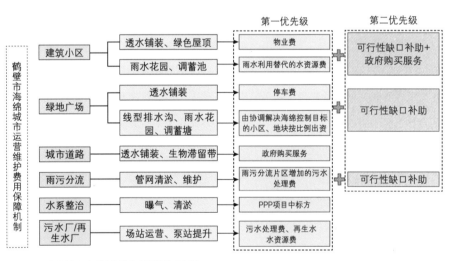

图16-2 海绵城市建设运营维护费用保障机制图

按照项目类型的海绵城市运营维护费用保障机制如下：

（1）绿地广场类项目。此类项目投资规模大、回报周期相对较长，拟采用"可行性缺口补助"模式。运营期内，绿地广场中的透水铺装等设施的运营维护费用由停车费承担，缺口部分由政府在项目的运营维护期内进行补贴，纳入同级政府预算，并在中长期财政规划中予以统筹考虑。

（2）城市道路工程项目。此类项目基本是非经营性项目，在运营期内，主要采用"政府付费购买服务"模式保障项目的实施。由政府根据PPP项目协议约定，对照设定的绩效考核标准，按照"依效付费"的原则向项目公司支付相关服务费，并根据运营维护期间的通货膨胀情况建立合理的价格调整机制，以应对未知的不可控制因素，导致项目公司收益明显低于或高于预期的风险。

（3）雨污分流改造类项目。此类项目采用"使用者付费+可行性缺口补助"的模式，雨污水管网的清淤和维护费用由雨污分流片区内增加的污水处理费划拨一定比例来承担，不足部分纳入同级政府预算予以保障，由政府采取购买经绩效考核后的服务提供可行性缺口补助，来满足运营成本并获得合理收益。

（4）污水厂/再生水厂。其运营维护机制相对比较成熟，场站的运维费用由污水处理费和再生水资源费承担，还可实现一定盈利，盈利部分的一定比例需承担雨污分流改造的运维费用。

（5）河道治理类项目。此类项目主要采用"政府付费购买服务"的模式。政府通过合同约定，设定绩效目标，在运营维护期内进行绩效考核的方法对社会资本方进行付费，所需资金通过纳入财政预算的办法予以保障。

（6）城市防洪与水源涵养类项目。此类项目采用"可行性缺口补助+政府购买服务"的模式进行。通过此类项目的适度开发，授予项目公司生态旅游特许经营权的方式可产生部分经营性收入，经营性收入不足以弥补前期建设及后期运营维护成本的时候，政府进行适当补贴。通过与项目公司签订合同，约定绩效目标，进行绩效考核，采用按效付费的方式进行支付，所需资金列入年度财政预算的方式予以保障。

（7）建筑小区类项目。建筑小区中的透水铺装、绿色屋顶、雨水花园、调蓄池等设施的运营维护费用由物业费承担，对于这样的模式收益不足以保障运营维护的情况下，采用"可行性缺口补助+政府购买服务"模式，由政府提供缺口补助。根据绩效考核的结果及合同的约定向社会资本方支付必要的费用，所需资金纳入同级政府预算，并在中长期财政规划中予以统筹考虑。

16.4 社会资本引进

16.4.1 PPP项目打包

鹤壁新城区海绵城市水系生态治理工程项目属于基础设施、公用事业项目，具有市场化程度较高、投资规模较大、合作期限长等特点，符合国家及省市有关PPP模式要求，采用PPP模式进行建设。

1．项目边界

考虑到项目整体打包、整体推进、系统治理的需要，结合试点区实际情况，将项目边界确定为：棉丰渠、护城河、天赉渠、二支渠、二支渠南延、四支渠及相关滨河节点、雨水调蓄塘，总长度约38km，包括生态护岸、岸带景观、水生植物、河底疏浚、雨污分流及合流制溢流口改造、拦水坝、滨河绿地等，以及汇水区域内市管建筑小区的海绵城市改造。

2．项目周期

PPP项目的约定周期为16年，其中建设期1年，运营期15年。

3．资金落实

水系PPP项目采用"DBFOT"（设计-建造-融资-运营-移交）的运作方式，政府资本方与社会资本方共同出资成立项目公司，由该项目公司负责设计、建设、运营以及移交等工作。

水系PPP项目总投资110000万元，其中资本金22000万元，占总投资的20%，作为项目公司的注册资本，债务融资88000万元，占总投资的80%。其中，资本金22000万元的筹措，由鹤壁海绵城市建设管理有限公司出资4400万元，占比20%，由社会资本方出资17600万元，占比80%。债务88000万元有项目公司通过银行贷款进行融资，弥补建设期资金不足，后期由政府进行还贷。

16.4.2 社会资本遴选

《鹤壁市人民政府关于推广运用政府和社会资本合作模式的实施意见》中明确要求在社会资本遴选时：要依据《中华人民共和国政府采购法》、《财政部关于印发〈政府和社会资本合作项目政府采购管理办法〉的通知》（财库〔2014〕215号）、财政部《关于印发政府和社会资本合作模式操作指南（试行）的通知》（财金〔2014〕113号）等法律法规、规范性文件组织开展招标，同等对待各类投资主体，对项目合作伙伴需要满足的条件提出明确要求，综合评估合作伙伴专业资质、技术能力、管理经验和财务实力等因素，择优选择诚实守信、安全可靠的合作伙伴。政府或授权实施单位在项目前期论证阶段，要对有意向参与项目合作的社会资本开放，促进社会资本积极参与项目前期工作；要鼓励和引导金融机构提前介入，为项目提供融资、保险等服务。

根据《市长办公会议纪要》（鹤政办公会〔2016〕14号）、《鹤壁市人民政府办公会议纪要》（鹤海绵办会〔2016〕1号）的指导精神，按照财政部《关于印发政府和社会资本合作模式操作指南（试行）的通知》（财金〔2014〕113号）及相关采购文件要求，通过相关程序筛选后，鹤壁市住房和城乡建设局委托中国通用咨询投资有限公司进行水系生态治理工程PPP社会资本招标工作。

经报市采购办审批后开展采购工作，于2016年5月3日发布资格预审公告及文件；6月3日资格预审开标，共有17家投标人递交资格预审投标文件，经专家评审委员会评审，推荐前5家联合体进入第二阶段的竞争性磋商投标。资格预审评审结果公示后，经过多次修改完善竞争性磋商文件、配套协议等文件，于7月1日发布竞争性磋商公告；7月19日竞争性磋商开标，评审工作按照竞争性磋商文件规定的评审内容和办法进行，分为初步审查和详细评审，详细评审包括报价、设计方案、建设方案、财务方案、运营管理方案和其他等六项内容。竞争性磋商招标共有4家投标人递交竞争性磋商文件，经磋商评审委员会评审，推荐3家为候选人，并于7月26

日公示结束。项目PPP合作方招标结束后，积极开展政府和社会资本合作协议（特许经营协议）和合资协议的谈判和修改工作，与第一名中标候选人就报价、运营维护费、绩效考核、公司注册、业主方一票否决权、费用支付、项目施工建设等合作方面进一步的沟通磋商，达成一致意见。经《市长办公会议纪要》（鹤政办公会〔2016〕44号）研究同意由市住建局代表政府方与"通号创新投资有限公司+中国城市建设研究院+湖南省第六建设工程公司"联合体签订合资协议，双方正式于2016年9月13日签订合作协议。

16.4.3 绩效考核方法

市住建局出台《鹤壁市新城区海绵城市建设水系生态治理工程 PPP项目绩效考核办法》，明确了水系PPP项目考核主体、方法、程序。同时结合项目实际情况，从全生命周期成本来考虑，分别设置了可用性绩效考核指标、运营维护期绩效考核指标，并对具体考核指标给予量化要求。

1. 可用性绩效考核

本项目可用性绩效考核包括建设质量、工期、环境保护、安全生产等方面的相关指标要求（相关指标由住建局会同相关部门按照相关业内法律法规建立体系制定标准），并将其作为竣工验收的重要标准。

2. 运营维护期绩效考核

本项目建设期不支付费用，运营期由政府按本项目的磋商文件和社会资本的投标文件计算本项目的年度运营管理费，在运营期内，政府每月向项目公司支付运营管理服务费。

在运营维护期内，政府主要通过常规考核和临时考核的方式对项目公司服务绩效水平进行考核，并将考核结果与运维绩效付费支付挂钩，将运行维护风险转移给社会资本，倒逼中标单位在建设环节提高工程质量。

运营管理服务费按绩效付费，即政府按照项目公司对本项目的实际实施和运营维护效果，支付政府财政补贴费用。运营效果考核以水系为单位，以"项目考核指标表"为标准。刚性指标和弹性指标同时全部满足时，给予全部付费；任一刚性指标不满足时，不付费；刚性指标全部满足、弹性指标部分满足时部分付费。任一刚性指标和弹性指标只有满足和不满足标准，不存在中间值。弹性指标考核中，黑臭水体整治、底泥疏浚、初期雨水末端处理设施、拦水坝设置所占的比例分别为30%、20%、20%、30%（表16-1）。

政府根据上述绩效考核结果，会同相关部门对项目公司运营成本进行核算。

表16-1

水系名称	刚性指标					弹性指标		
	水质标准	年径流总量控制标准	生态岸线比例	污水直排口/合流制溢流口	黑臭水体整治	底泥疏浚	初期雨水末端处理设施	拦水坝设置
棉丰渠	至少达到地表水IV类标准，且不得劣于现状水质	≥70%	100%	消除	—	完成	—	约间隔2.4km设置一个拦水坝
护城河	至少达到地表水IV类标准，且不得劣于现状水质	≥70%	100%	消除	消除现状黑臭水质，达到《城市黑臭水体整治工作指南》相关要求	完成	按照《鹤壁市新城区水系专项规划（2015—2020）》要求完成	约间隔1~1.2km设置一个拦水坝
天赉渠	至少达到地表水IV类标准，且不得劣于现状水质	≥70%	100%	消除	—	完成	—	约间隔1~1.2km设置一个拦水坝
二支渠	至少达到地表水IV类标准，且不得劣于现状水质	≥70%	100%	消除	—	完成	—	约间隔1~1.2km设置一个拦水坝
二支渠南延	至少达到地表水IV类标准，且不得劣于现状水质	≥70%	100%	消除	—	完成	—	—
四支渠	至少达到地表水IV类标准，且不得劣于现状水质	≥70%	100%	消除	—	—	—	约间隔400m设置一个拦水坝

陆
SIX

经验总结篇
EXPERIENCE SUMMARY

陆

第17章

经验做法：可复制可推广

结合试点建设的实践尝试，通过认真梳理、总结和提炼，共形成以下四大可复制可推广的经验和做法。

17.1 雨污分流改造新模式

雨污分流问题是一个全国性的难题，其中新建管线管位难以落实、分流过程中容易产生新的混接、底商"泔水乱倒"、阳台洗衣污水进雨水管等问题尤为突出，鹤壁结合海绵城市建设，摸索出了雨污分流改造的一些经验，能有效地应对以上问题，并利用3年时间对试点区内的雨污合流进行了全部的改造，取得了较好的成效。

17.1.1 源头应优先利用雨水走地表、污水走地下的方式

在占地面积较小的建筑小区，采用"雨水地表、污水地下"的雨污分流改造方式，用地表线型排水沟代替传统雨水管线（图17-1）。

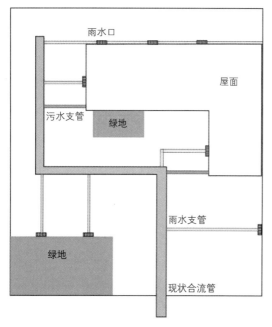
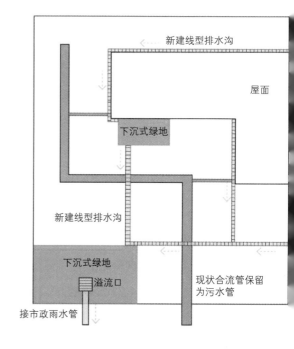

图17-1 雨水地表、污水地下的建筑小区雨污分流改造模式图

结合本地降雨条件，对这种建设方式的适用范围进行了研究。利用PCSWMM软件搭建模型，模拟计算在2年一遇设计重现期下，地块长宽比在1∶1、1.5∶1、2∶1时，降雨产流峰值流量与线型排水沟的排水能力。模拟结果显示，当小区有4个排口时，用线型排水沟替代雨水管的雨污分流改造方式最大的适用面积是1～1.1hm^2；当小区有2个排口时，用线型排水沟替代雨水管的雨污分流改造方式最大的适用面积是0.5～0.7hm^2；当建筑小区有1个排口时，用线型排水沟替代雨水管的雨污分流改造方式最大的适用面积是0.2～0.3hm^2。

综上，"雨水地表、污水地下"的雨污分流改造方式在华北地区降雨特征下，一般适用于面积不超过1hm^{2}的小区（图17-2）。

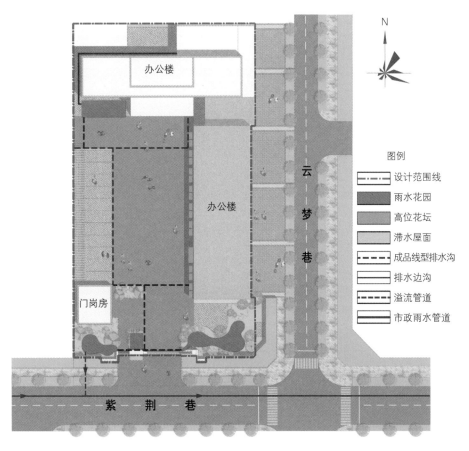

图17-2　市规划局海绵城市改造项目设施分布图

市规划局大院的占地面积为0.26hm^2，现状为雨污合流制。在海绵城市改造过程中，结合上述理论研究结果，将现状合流制管线保留为污水管，结合雨水源头控制新建线型排水沟作为地表雨水转输和排放管线，取得了较好的效果，有效地降低了雨污分流改造的成本。此后，该种改造模式在市卫生防疫站、水利局、地税局、淇滨区检察院、卫生局、审计局、农业局、地税局等10余个项目中实现推广和应用。

2017年12月，市海绵办将"用地规模低于1hm^{2}的建筑小区应采用'雨水地表、污水地下'的雨污分流建设方式"作为强制性条款纳入《鹤壁市海绵城市建设设计手册（试行）》中。

17.1.2 小区应将合流管作为污水管、新建雨水收集系统

占地面积较大的建筑小区在进行雨污分流改造时，考虑到小区内污水收集系统涉及与建筑底部排水的连接管相对较为复杂、海绵城市建设时雨水横支管、溢流口等需要重新建设等特点，采用了"将合流管保留为污水管、新建雨水收集系统"的改造方式，可实施性较强，且有效地降低了工程量（图17-3）。

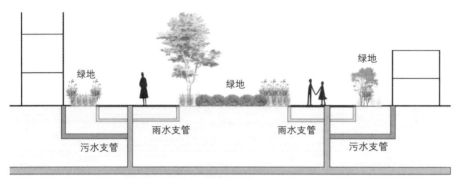

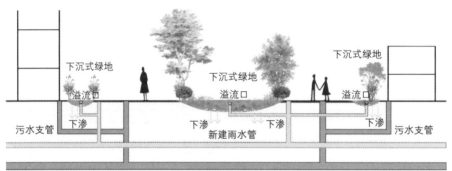

图17-3 雨水地表、污水地下的建筑小区雨污分流改造模式图

17.1.3 道路应将合流管作为雨水管、新建污水收集系统

市政道路在进行雨污分流改造时，考虑到雨水横支管、溢流口等的改造会破坏路面，采用了"将合流管保留为雨水管、新建污水收集系统"的改造方式，可实施性较强，且有效地降低了工程量（图17-4）。

17.1.4 末端应通过截污纳管控泔水、并设置防倒流措施

底商的"泔水乱倒"现象以及阳台洗衣排水进入市政雨水管的问题，会导致雨水管晴天直接排放污水，成为城市水环境的重要隐患。针对这种问题，采用的策略是在雨水管入河之前的检查井，设置截污纳管，将晴天污水截流至就近的污水检查井，同时在污水检查井截污纳管入口处设置防倒流措施，以防止污水倒流至雨水管。这种改造方式取得了较好的效果（图17-5）。

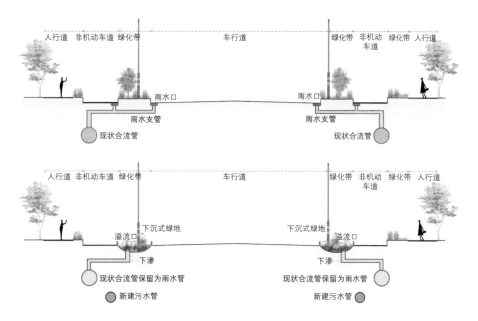

图17-4 市政道路雨污分流改造模式图

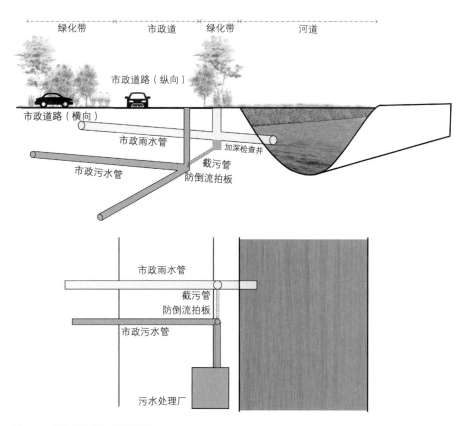

图17-5 末端截污纳管改造模式图

17.1.5 接口应由主管部门审批位置、防止产生新的混接

针对建筑小区雨污分流改造时，新建雨水管线在与市政排水系统衔接时容易出现的错接问题，在推进雨污分流改造时，采取接口位置由主管部门审批、并由市政处管理人员会同施工单位现场确定的方式，有效地杜绝了雨污分流改造时排口错接、混接的问题。

17.2 平原区内涝防治经验

17.2.1 排涝空间有预留

城市建设中排涝空间的保留和保护是保障城市排水安全的根本。在编制《鹤壁市海绵城市试点区系统化方案》时，对试点区的城市水系进行了梳理，明确了排涝空间的预留要求（原则上2km²内应该有水系），并将水系保留和建设要求纳入城市法定规划（总规和控规）中，从规划层面有效地保障了城市排涝空间的用地需求（图17-6、图17-7）。

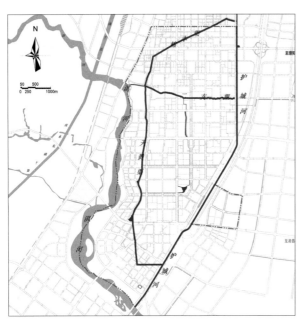

图17-6 试点区内原有水系   图17-7 试点区内新建水系

17.2.2 排口密度有约束

通过研究鹤壁市降雨特征，利用模型等工具，模拟计算了不同尺度汇水区在遭遇30年一遇降雨时的峰值流量，雨水管渠承压后道路路面积水情况。研究结果显示，为保证至少有一个车道积水深度不超过15cm，雨水排放口的汇水面积宜控制在2km²左右。

为保障该研究成果可以得到有效落实，2017年12月，经市海绵办批准，将"雨水排放口收水范围原则上不能超过2km²"作为强制性条款纳入《鹤壁市海绵城市建设设计手册（试行）》中。

17.2.3 超标径流有通道

在试点的摸索和实践中发现，通过协调道路与城市水系/绿地的高程关系并在道路低洼点设置超标径流入河/绿地通道（人行道开槽），可使遭遇极端降雨时（30年一遇以上）道路路面积水可以顺利排放至水系（或绿地），有效避免城市道路成为积水点。为使该措施可以有效落实，市规划局结合《鹤壁市海绵城市试点区系统化方案》相关编制成果,在下发城市新建道路类项目的规划设计条件时,明确在相关路段设置超标径流入河通道,确保该项措施可以有效落实(图17-8)。

图17-8 超标径流入河通道

17.2.4 风险应对有预案

海绵城市监管平台具有内涝风险预警功能,在暴雨季节,结合气象部门的天气预报相关数据,平台可以预测内涝风险点和风险等级。此外,为进一步提高风险应对能力,成立了内涝应急指挥部(含建设、人防、城管、市政、气象、武警、消防、医院等相关部门),并建立了与平台内涝风险预警联动的应急预案工作制度,结合风险程度采取不同级别的应急措施,以有效应对内涝灾害的救援需求。

17.3 跨地块雨水协调控制

对于一些建设年代较新、绿地率低、地下空间开发比例较高的项目,海绵城市改造难度较大,对于此类项目,改造的策略是尽可能结合周边的公园绿地协调解决,通过在公园绿地内建设湿塘、干塘、调蓄池等调蓄措施,系统解决其周边小区的雨水控制任务。

17.3.1 顶层设计提方案

在编制《鹤壁市海绵城市试点区系统化方案》时,优先考虑通过在公园绿地内建设湿塘、干塘等以协调分担建设年代较新的建筑小区、市政道路的雨水控制任务,明确提出:分别利用桃园公园、淇河南游园干塘(图17-9)、福田游园景观水池、护城河调蓄塘等协调解决周边约0.9km²的小区/道路的海绵城市建设任务,以降低海绵城市建设对新小区/道路的扰动。

图17-9 淇河南游园干塘

17.3.2 职责明确保落实

市海绵办发布的《关于区域雨水排放管理制度》中的第十六条明确指出，对于上位规划确定的雨水排放协调控制类项目，公园绿地（协调方）的建设单位为责任单位，建筑小区（被协调方）应主动配合责任单位，提供项目的雨水管渠等信息（图17-10）。同时逐步建立雨水排放协调控制的付费制度。

《关于区域雨水排放管理制度》的颁布，明确了跨地块雨水协调控制时的各方职责，确保可以有效实施。

17.3.3 规划管控定要求

市规划局在下发公园绿地类项目的规划设计条件时，涉及《鹤壁市海绵城市试点区系统化方案》中确定的需要协调周边地块雨水控制任务的公园绿地类项目，在规划设计条件中明确了其需要协调控制的范围、雨量等相关要求。结合海绵城市建设项目的方案审查和施工图审查，确保规划设计条件可以得到落实。

17.3.4 技术创新促成效

试点区内整体地势平坦，场地坡度平均在1.5‰左右，因此在绿地中建设海绵设施用以消纳道路或小区的雨水时，由于找坡等原因会造成海绵设施的覆土较厚、工程量大。针对该问题研发的截流式雨水口技术，通过巧妙地利用雨水口的空间，可降低海绵设施埋深0.5m左右，有效地降低了工程量和投资。

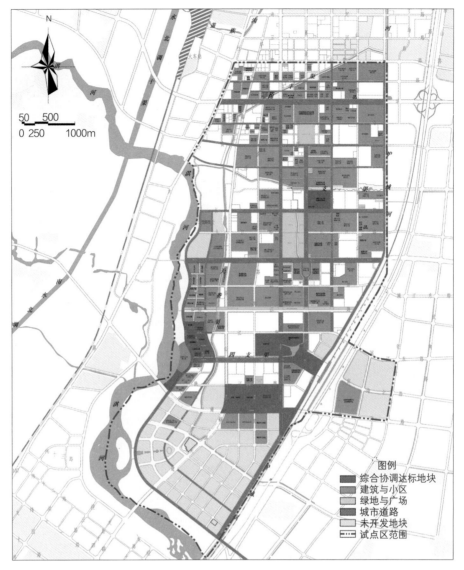

图17-10　试点区综合协调达标项目分布图

图例
- 综合协调达标地块
- 建筑与小区
- 绿地与广场
- 城市道路
- 未开发地块
- 试点区范围

17.4　立法保障促长效推进

17.4.1　立法内容要明确

在立法时针对海绵城市建设的相关要求要设置明确的条款，不能泛泛而谈，最好能明确海绵城市相关部门职责、建设主体、运营主体、建设要求等，才能真正发挥立法的管控作用。

《鹤壁市循环经济生态城市建设条例》第三十一条明确要求：市住房和城乡建设行政主管部门统筹协调和监督管理海绵城市建设雨水控制与利用工程，负责施工图审查、施工许可、竣工验收等管理工作。发展和改革、财政、规划、国土资源、水利、环境保护等行政主管部门应当依法履行各自职责，协同做好海绵城市建设。

《鹤壁市循环经济生态城市建设条例》第三十二条明确要求：本市区域范围内新建、改建、扩建工程应当进行海绵城市雨水控制与利用工程的规划设计和建设。雨水控制与利用工程必须与主体建设工程同时设计、同时施工、同时投入使用。住房和城乡建设行政主管部门应当加强对已建雨水控制与利用工程的管理，确保其正常运行；对长期不能正常运行的，应当责令建设单位限期修复。

《鹤壁市循环经济生态城市建设条例》第三十八条明确要求：市、县（区）人民政府住房和城乡建设行政主管部门应当负责对雨水控制与利用工程的规划设计和建设情况进行核验，并负责对雨水控制与利用建设工程的施工图设计文件等进行审查。施工单位不得擅自更改雨水控制与利用工程的规划设计。

《鹤壁市循环经济生态城市建设条例》第四十条明确要求：海绵城市设施的建设或者运行管理单位应当加强设施维护和管理，确保设施正常运行。城市道路、公园绿地、广场等公共项目的海绵城市设施，由各项目管理单位负责维护管理或者由政府组织成立统一的海绵城市设施管理单位对海绵城市项目进行日常维护管理；公共建筑与住宅小区等其他类型项目海绵城市设施，由该设施的所有者或者其委托方负责维护管理。

17.4.2 法律实施要督导

应建立有效的法律实施督导体制，对法律的执行情况进行督导和督查。为督促鹤壁市各级人民政府及有关行政主管部门认真履行法定职责，严格依法办事，切实加强循环经济生态城市建设，创造优美和谐的生态环境，建立人大定期督导、督查制度，定期（每年一次）抽查各地区建设项目，确保法律有效实施。

2017年7月31日，市人大常委会执法检查组，采取听取汇报、座谈调研及实地察看等形式，深入淇滨区、鹤壁国家经济技术开发区，先后对天赉渠生态治理项目、二支渠生态治理项目、怡乐园海绵城市改造项目、护城河生态治理等项目进行了督导，详细了解了海绵城市落实情况。各县区人大也按要求，上下联动，分别对本辖区内《鹤壁市循环经济生态城市建设条例》贯彻情况进行了执法检查。通过督导机制的建立和有效执行，进一步促进了法律的执行效果。

17.4.3 违法行为要追责

在立法时要明确违法行为的问责追责制度，否则立法将成为一纸空谈。

《鹤壁市循环经济生态城市建设条例》第四条明确要求：市、县（区）人民政府应当建立和完善循环经济生态城市建设的目标责任制，建立领导干部离任循环经济和生态环保工作评估审计机制，并建立相应的行政责任追究制度。

《鹤壁市循环经济生态城市建设条例》中明确了对于不执行条例中关于海绵城市建设要求的，要进行追责。具体要求为"相关单位未按照海绵城市雨水控制与利用工程的规划、设计和建设的，由县级以上人民政府住房和城乡建设等行政主管部门责令限期改正；逾期不改正的，对工程项目不予验收，并按照有关规定追究相关人员的责任"。

第18章

特色技术：小创意，大智慧

在试点推进过程中，市海绵办和海绵公司的工作人员结合项目管理工作成为创新主体，通过现场打样、模拟实验、多方案对比，涌现了很多小创新、小发明，实现了用"小""巧""省"的办法解决大问题。部分特色技术介绍如下：

18.1 雨水花园自循环渗蓄结构

在北方城市的海绵城市建设过程中，经常会遇到雨水花园中植物长势不佳，甚至长势颓败枯黄的问题。究其原因，主要是因为雨水花园中的透水层为碎石，在地下形成了一层断水层，只能满足雨水快速下渗，无法满足地下水及养分自然上升补给植物生长的需要。

通过采用量产于本地的上水石碎料（孔隙率高、表面积大、毛细性强，因而保水、保肥能力、运输能力强）替代雨水花园中的部分碎石，相当于在雨水花园底部设置了一个小水库、小肥料库，营造了底部结构层面的"水文循环"，下小雨时可以积蓄水分，干旱时积蓄的水分通过毛细作用向上补水，维持植物的生长（图18-1）。改良后的雨水花园植物长势得到明显改善。

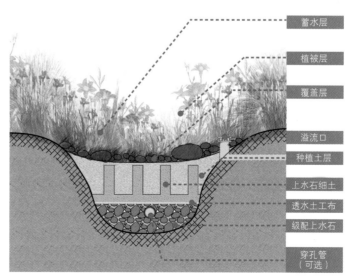

蓄水层

植被层

覆盖层

溢流口

种植土层

上水石细土

透水土工布

级配上水石

穿孔管
（可选）

图18-1 雨水花园自循环渗蓄结构示意图

18.2 防臭防倒流雨水口装置

当存在雨污水管线混接、错接时，雨水口会出现雨天反冒污水、晴天冒臭味等问题，影响城市的整体环境。鉴于此研制的防臭、防倒流雨水口，在满足基本过水要求的前提下，有效地解决了雨天反冒污水、晴天冒臭味等问题（图18-2）。

18.3 道路径流污染控制技术

在点源污染逐步得到控制后，城市降雨径流污染成为水环境的重大隐患，其中，市政道路的径流污染程度是所有下垫面中最严重的。建设年代较新的道路，景观效果较好，难以通过绿化带下沉改造实现径流污染控制。

在这些现状效果较好的道路上，结合雨水口空间采用道路雨水口初期雨水多级净化装置、初期雨水截污净化装置、初期雨水截污挂篮多级净化装置等措施，实现初期雨水的径流污染控制的同时，将海绵城市建设对现状道路的干扰降到最小（图18-3）。

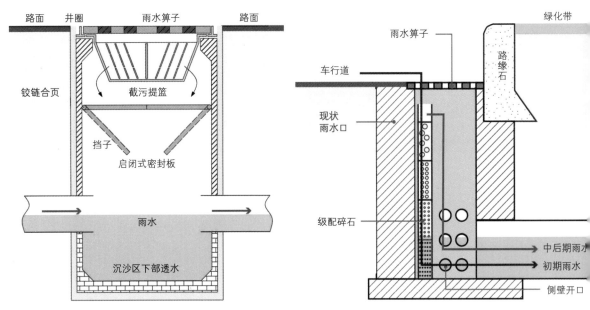

图18-2 防臭防倒流雨水口装置示意图　　　　图18-3 道路径流污染控制技术示意图

18.4 "零投资"屋面雨水控制技术

降雨时建筑屋面径流量占整个城市径流量的比重很大，因此建筑屋面雨水的控制效果会直接影响到整个城市的雨水控制效果。

常规的绿色屋顶等建设成本、养护成本以及对建筑屋面的承载要求较高。鹤壁市研制的限流式削峰雨水斗基本为"零投资"，可实现缓流、削峰和降低市政管网压力的作用，同时具备较好的节能效果（图18-4）。

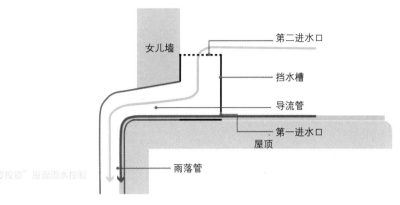

图18-4 "零投资"屋面雨水控制技术示意图

18.5 超标径流入河通道技术

城市遭遇极端降雨时，超过雨水管渠排放能力的雨水径流会通过路面排放，传统的建设方式会导致雨水积存在道路低点（一般会于道路与河道交叉口处），而难以顺利排入河道。通过在人行道底部开槽、协调道路与河道两侧绿地高程关系等措施，打通路面超标径流入河路径，引导路面超标径流通过入河通道顺利排入水体，可有效缓解易涝点的积水问题（图18-5）。

18.6 "低扰动"雨水收集组合装置

建筑小区类项目是海绵城市改造的重点和难点，部分建设年代较新的建筑小区内绿地以微地形的方式进行景观打造，且绿地明显高于路面。对于这样的小区，采用绿地下沉的方式不易与现有景观协调，甚至容易造成原有景观的破坏。通过"低扰动"雨水收集组合装置，可实现建筑、绿地、道路雨水的收集和控制，且不会对原有绿地微地形造成任何破坏和影响（图18-6）。组合设施中的石笼还可以增加小区景观的多样性。该组合设施可广泛适用于绿地明显高于道路的建筑小区的海绵化改造。

图18-5 超标径流入河通道技术示意图

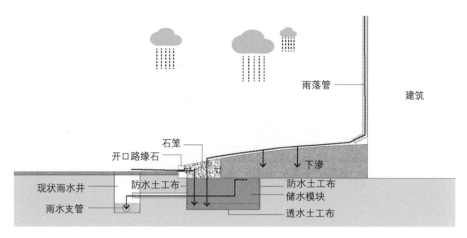

雨落管
建筑
石笼
开口路缘石
下渗
现状雨水井
防水土工布
防水土工布
储水模块
雨水支管
透水土工布

图18-6 "低扰动"雨水收集组合装置示意图

第19章

技术推广：为海绵插上腾飞的翅膀

为充分激发市场参与主体的活力，发展海绵经济，提高企业创新积极性，推动产业转型升级，鹤壁市发改委、市海绵办联合出台了《关于支持海绵产业发展的实施意见》《关于鼓励海绵城市建设创新规划设计方法、施工工法、创新技术产品的通知》，制定了相关优惠奖励和优惠政策，鼓励企业在规划设计方法、施工工法、技术产品方面进行创新，以提升全市海绵城市建设支撑能力和水平。

在优惠政策的保障和激励下，涌现了一批海绵产品生产企业，主要包括瑞腾建材、舒布洛克、盛泰科技、国路高科、同力商砼等公司，实现了透水砖、植草砖、透水混凝土、透水沥青、雨水口等海绵城市常用设施的本地化量产（图19-1、表19-1）。其中，瑞腾建材利用废陶瓷年产200万㎡透水砖项目列入节能减排示范备选项目。在海绵城市试点建设中申请的1项发明专利、12项国家实用新型专利也已实现量产。

图19-1　海绵企业生产线

表19-1

序号	企业名称	企业类型
1	鹤壁市盛泰再生资源科技有限公司	材料生产
2	鹤壁市福田舒布洛克建材有限公司	材料生产
3	河南陆达工程机械有限公司	材料生产
4	鹤壁瑞腾建材有限公司	材料生产
5	河南国路高科新材料科技有限公司	材料生产
6	鹤壁市京鹤同力商砼有限公司	材料生产
7	河南易博联城规划建筑设计有限公司	规划设计
8	河南大明建筑设计院	规划设计
9	鹤壁海绵城市建设管理有限公司	运营管理
10	通号鹤壁海绵城市投资建设管理有限公司	运营管理

柒

SEVEN

思考体会篇

THINKING EXPERIENCE

海绵城市是指通过加强城市规划建设管理，充分发挥建筑、道路和绿地、水系等生态系统对雨水的吸纳、蓄渗和缓释作用，有效控制雨水径流，实现自然积存、自然渗透、自然净化的城市发展方式。总的理念就是将城市的规划建设与生态环境保护有机结合，提高对水资源的有效利用，既减轻人类活动对自然的干扰，也能显著增强城市防洪抗涝能力。正如李克强总理在政府工作报告中提出的："推进海绵城市建设，使城市既有'面子'，更有'里子'。"

在鹤壁的海绵城市试点建设推进过程中，让我们更加深刻认识到：

1. 海绵城市理念是新时代解决城市涉水问题的根本方略

党的十八大以来，生态文明建设成为"五位一体"总体布局的重要内容，党中央和习近平总书记强调要坚持人与自然和谐共生。鹤壁市通过4年的海绵城市试点建设，真正转变了理念，通过灰绿结合的系统化措施，从根本上解决了试点区内水环境问题、内涝问题，实现了人水和谐，也使我们深刻认识到海绵城市理念是新时代解决城市涉水问题的根本方略。

2. 海绵城市建设是实现城市高质量转型发展的关键环节

4年的试点建设，既转变了城市建设方式、发展理念，又改善了城市人居环境，也间接促进了城市竞争力的提升，海绵城市成为鹤壁名片，为鹤壁市推进转型发展攻坚提供了重要助推作用，第三产业比重显著增加。让我们深刻认识到，海绵城市建设是实现城市高质量转型发展的关键环节。

3. 海绵城市是践行以人民为中心的发展理念的重要抓手

在海绵城市建设中，鹤壁市围绕老百姓的迫切需求，在消除黑臭和内涝的同时，对老旧小区环境进行综合整治提升，有效提升了老百姓的获得感和满意度，《河南社会治理发展报告（2018）》显示，鹤壁市居民幸福感升至全省第二。有老百姓说：原先位于家门口的黑臭小河沟不见了，水变清了，岸变绿了，也干净了，还建了街头游园，有了锻炼的地方。也有老百姓说：小区里的停车位统一整治了，还透水，绿化也提升了，发自内心地为海绵点赞。群众的满意和认可是对我们工作的最好褒奖，也是我们工作的最大动力，更让我们认识到海绵城市是践行以人民为中心的发展理念的重要抓手。

海绵城市建设是"良心工程"。在破解城市内涝顽疾和黑臭水体治理的道路上，要有一颗为民众谋福祉的"良心"，要求我们在城市建设中摒弃急功近利的发展理念和政绩观，树立海绵城市建设功在当代、利在千秋的长远思想，才能不断深入、找到更好解决问题的钥匙。

鹤壁市人民政府市长

经过4年的海绵城市试点建设，鹤壁试点区的原有问题得到有效解决，实践证明海绵城市是"治黑"和"除涝"的利器，只有通过系统治水，才能有效、长效地解决城市化进程中带来的水环境、水安全、水生态等问题。市委、市政府为深入贯彻落实省委、省政府决策部署，推动高质量发展城市建设，践行城市规划建设新理念，在鹤壁东区（高质量发展创新引领区）控规设计中，同步启动海绵城市专项规划编制，并将专项规划相关要求纳入到控规中，坚定不移地把海绵城市建设理念贯穿城市发展各领域和全过程，新建区域全部按海绵城市要求实施。

同时，我们也清晰地认识到，鹤壁海绵城市建设远没有结束，因地制宜搞好建成区海绵城市改造，将4年来试点建设积累的经验、探索的模式用来系统解决全市的问题，打造在全国范围叫得响、能示范、可借鉴的"鹤壁模式"是我们接下来工作的重点。

（1）继续完善顶层设计。修编城市总体规划，指导县区完善海绵城市规划和实施方案，做好与市级海绵城市规划的衔接。强化技术支撑，继续聘请高水平技术团队，提供技术咨询服务和项目建设指导。修订完善海绵城市建设技术标准体系，强化工程设计、审查、施工、验收、运营维护、评价等关键性内容和技术要求，指导全市海绵城市建设。

（2）持续推进项目建设。按照项目类型，通过不同的管控手段，差异化、针对性推进项目建设。持续推进老旧项目的海绵改造、强化新建项目的规划管控、谋划新建区域的顶层设计。同时，将海绵城市建设任务列入县区年度工作责任目标，制定年度建设计划，进行绩效考核。加大财政资金投入，拓展融资渠道，积极吸引社会资本参与海绵城市建设。

（3）强化项目运维管理。建立市、县两级海绵城市监管平台，加大项目在线监测力度，满足海绵城市运营维护、指挥调度、应急管理等工作需要。加强既有海绵设施跟踪维护和运行管理，严格落实城镇污水排入排水管网许可制度，加强道路清扫、雨水口污物清理、下沉绿地雨水花园垃圾清理等工作，保证海绵设施正常使用，确保发挥功效。加强新城区城市水系项目运营管理，严格绩效考核并按效付费。

（4）加大培训宣传力度。加大业务培训交流，加强本土人才培养，提升人员素质能力，保障海绵城市建设理念真正落实到项目建设全过程。调动全媒体资源，通过报纸、电视、网络，全方位宣传报道海绵城市理念，增强群众参与度，提升群众获得感和幸福感。

鹤壁市市委常委、统战部长　刘文彪

第22章　思考体会：以人为本，惠及民生

实施海绵改造和建设，务必坚持以人为本、民生优先，把创造优良的人居环境作为建设海绵城市的出发点，把增强市民幸福感和获得感作为建设海绵城市的落脚点。在海绵项目实施和推进过程中，我们走过弯路。试点初期，由于没有现成经验可以借鉴，存在有照搬指南、过分注重功能、"为海绵而海绵"的现象与问题。但是老百姓并不买账，甚至在小区进行海绵化改造时阻挠工人施工。基于此，我们进行了深刻的反思和调整，决定围绕民意、关注民生，有针对性地对实施项目进行系统设计、全盘谋划，一举改变老百姓对海绵城市建设的态度，得到他们的支持。

（1）以人为本实施民生项目。鹤壁在制定海绵城市建设实施方案时，把内涝点整治作为重点项目和民生工程优先安排，让市民切身感受到海绵城市建设带来的好处。试点建设过程中，按照"源头减排、排水管渠、排涝除险"理念打造排水防涝体系，全部完成易涝点改造，整体上实现30年一遇的内涝防治标准。在2016年7月8日～9日遭遇252.72mm、2016年7月19日～20日遭遇311.3mm两场极端降雨时，试点区成功经受住了暴雨考验，未出现严重内涝现象，局部积水点基本在30min以内消退，未出现明显积水问题。据了解，当时周边多地均出现了内涝灾害，"平安鹤壁"成为美谈。

（2）以人为本推进小区改造。始终把"为人服务、让人方便"的人本思想贯穿于小区改造工作始终。在老旧小区海绵城市改造过程中，在搞好小区管网改造、海绵设施建设的同时，结合居民反映强烈、亟须解决的问题，一并实施了道路黑化、墙面美化与外保温、生态停车位改造等工程，提升了老百姓的获得感和满意度。如建行北院等老旧小区，海绵改造后，老百姓非常满意，并主动申请组建了小区党支部，负责整个小区的环境以及海绵设施维护管理等。

（3）以人为本打造亲水文化。在水环境治理方面，变"头痛医头"为"系统治水"，整治现状河道26km，修复和新建水体12km。彻底消除护城河黑臭水体，城市内河全部实现了IV类及以上水质标准，呈现出水清岸绿的美好景象。试点区内水面率由3.3%提高至4.02%，基本实现步行5min即赏水景，方便老百姓休闲漫步。在淇河沿线的公园绿地建设中，融入淇河诗文化、淇河风情、鹤壁人文、朝歌文化，形成带状文化主题休闲绿廊。通过水系治理项目，对天赍渠进行系统整治，重现实现了水系贯通，并在两岸公园绿地建设中，融入天赍渠文化元素，治水的同时在提升水文化上做足文章，实现了历史水脉文化的传承发扬。

2019年3月，鹤壁市对海绵城市改造组织一次民意调查，根据民意调查结果显示，鹤壁市民对于海绵城市建设的满意度达到95.3%，这也证实了老百姓对海绵城市的认可和支持。肩负重任，不忘初心，我们将始终坚持以人为本，继续深入推进海绵建设，再创佳绩。

鹤壁市住房和城乡建设局党组书记　郑全智

由于海绵城市是新事物，在4年的试点建设期中，鹤壁市经历了摸索期、阵痛期，在体制机制、设计施工、运营维护方面均遇到了一定的问题和挑战。面对这些问题和挑战，我们走了一定的弯路，但没有选择回避和退缩。

针对鹤壁市属于2+26个大气污染防治重点城市、施工面临诸多限制的问题，鹤壁市采取了一系列的应对措施，通过采用流水施工段组织、湿法作业、室外变室内等施工方式，避免了海绵城市建设停滞不前，确保了海绵城市建设进度。

为解决鹤壁市城市建设中一直存在的"工程质量糙"的顽疾，针对鹤壁市管理人员、设计人员、施工人员、监理人员对海绵城市不熟悉、专业技术能力较弱的问题，结合海绵城市试点建设，鹤壁市对相关业务人员进行了多次的能力培训，市长带领政府相关部门负责同志，赴陕西省西咸新区、遂宁市、重庆市等地考察学习。海绵办组织设计、施工、监理单位到遂宁市、常德市进行实地考察培训。淇滨区组织主管部门、办事处相关人员多次到西咸新区、武汉市等地考察学习，并参加住房城乡建设部组织的海绵城市规划建设技术培训班。邀请张全、刘翔、白伟岚、孔彦鸿等海绵城市知名专家对鹤壁市海绵城市规划建设工作实地考察，把脉问诊，对政府部门、设计单位进行业务培训。同时通过树典型、下罚单、列黑名单等方式强化了监理的职责，改变了以往城市建设中"监理形同虚设"的局面。

针对在推进项目建设中部门割裂的问题，鹤壁市及时调整，以项目为单位明确责任部门，解决了以往一条道路改造时"人行道归市政处、绿化分割带归园林局"的局面，注重部门联动和绩效考核，系统推进项目建设，避免了海绵城市建设中的"碎片化"问题。

针对鹤壁市是北方城市、降雨不均匀、植物长势差、见效慢、景观效果一般等问题，在海绵城市建设中，进行了大量的尝试和研究，优化了雨水花园建设形式、溢流口选择，强化了浇水和施肥要求，并摸索出下沉式绿地、雨水花园、生物滞留设施建设时底部结构中保证碎石层厚度可明显改变和提升植物长势的经验。

光阴荏苒，岁月如梭，鹤壁市4年的试点建设可以说是"摸索中实践、实践中提升"的历程，在这个过程中，我很庆幸、很荣幸我们克服了种种困难，使试点建设按照要求、按照承诺如期完成，取得良好的效果。

回顾这4年的历程，更让我感觉到时间很快但不累，很累但不苦，很苦但结果很甜。

鹤壁市住房和城乡建设局局长　常文君

后 记

　　2019年4月8日～10日，以夏军院士为组长的专家组对鹤壁市海绵城市试点建设情况进行了终期绩效评价现场复核。专家组对于海绵城市试点建设成效予以了肯定和鼓励，并指出："目前，鹤壁市已完成海绵城市建设的区域面积占城市建成区的比例已远超20%，率先实现了《关于推进海绵城市建设的指导意见》（国办发〔2015〕75号）中关于'到2020年，城市建成区20%以上的面积达到海绵城市要求'的相关要求"。了解到目前鹤壁在东部新区、老城区等区域已经开始部署推进海绵城市建设时，专家们鼓励鹤壁要再接再厉，争取成为全国第一个实现《关于推进海绵城市建设的指导意见》（国办发〔2015〕75号）中关于"到2030年，城市建成区80%以上的面积达到海绵城市要求"目标的城市。

　　2019年4月10日下午3时许，专家组完成鹤壁的现场复核工作，启程赴济南。

　　2019年4月10日下午3时30分，在市政府509会议室，鹤壁市海绵城市领导小组召开了2019年第5次全体会议，会议上明确了鹤壁继续海绵城市建设工作的八大任务。

　　鹤壁海绵城市在路上……

媒体聚焦

中国的海绵城市实践

（来源：中国国际电视台（CGTN）《直播中国》栏目）

中国国际电视台英语新闻频道改革开放40年特别报道《直播中国》栏目于2018年12月7日下午4时30分在鹤壁市桃园公园进行直播，采访鹤壁市海绵城市建设等相关内容，栏目向全球160多个国家和地区现场直播，直播时长20多分钟。

在桃园公园和三和佳苑小区，主持人用英语向全球观众介绍了鹤壁市海绵城市建设情况，并现场采访市民，栏目还回放了前期采访录制的海绵城市建设新闻片。

主持人从桃园公园脚下的砖结构谈起，介绍了海绵城市建设试点建设的目标；以及海绵城市试点建设开始后，从道路拓宽改造到地下管网提质完善，从小区美化到巷道改造，从公共设施配套到公用绿地建设，带来的人居环境的巨大变化。

接受采访的海绵办马宇驰科长谈道：通过绿地广场、城市道路、建筑小区的海绵化改造，雨污分流改造，河道治理，河道防洪综合整治，水源地保护和涵养设施建设，鹤壁海绵试点区基本实现了"小雨不积水、大雨不内涝、水体不黑臭、热岛有缓解"的目标。

鹤壁市海绵城市建设已累计投资27亿元

（来源：中华人民共和国住房和城乡建设部官方网站，2018年4月12日）

"你看这儿现在建得多好呀！河道干净了，两边到处是树，樱花开得真美，停车也很方便！"4月11日下午，从淇滨区桃花源小区出发的徐保林、关惠华夫妇沿护城河步道散步来到泰山路与南海路交会处东北角的南海湿地公园，看着眼前的景色，他们感叹不已。

南海湿地公园是新城区护城河生态治理项目的一个重要节点。记者在现场看到，河道已开挖成型，透水步道、透水停车场已投入使用；去年冬季种植的乔木已经长出新叶，花团锦簇的晚樱在微风中摇曳；施工人员在整理植草沟，为下一步播撒草籽做准备。这是鹤壁市海绵城市建设成果的一个缩影。记者从市海绵办获悉，截至目前，全市302个试点项目已完工74个，在建项目157个，累计完成投资约27亿元。

"按照住房城乡建设部的要求，并结合实际实施情况，去年，鹤壁市进一步完善了顶层设计，编制了试点区域系统化方案，在试点区域、面积、指标不变的基础上，将汇水分区由38个调整为7个，试点项目调整为302个，投资额调整为33亿元。同时，明确了护城河北、护城河中2个汇水分区，对29个精品项目进行重点打造。"市海绵办相关负责人说，为了加快施工进度，鹤壁市多次召开现场办公会，加大统筹协调力度，加强项目质量监管，同时组织施工单位加大人员和设备投入，全面落实海绵城市建设要求。

截至目前，试点区域内六大类302个项目完工74个，在建157个。其中河道治理类项目7个，在建6个；雨污分流类项目7个，已完工4个，在建2个；水源涵养类项目4个，已完工2个，在建2个；绿地广场类项目43个，已完工33个，在建6个；市政道路类项目22个，已完工5个，在建17个；建筑小区类项目219个，已完工30个，在建124个。

随着新城区水系生态治理项目（主要对天赉渠、棉丰渠、二支渠、二支渠南延段、四支渠、护城河进行治理，全长33.8km）基本贯通，新世纪广场、桃园公园等标志性项目完工，市教育局、市规划局、漓江柳岸小区等一批建筑类项目投入使用，重点汇水分区雨污混接问题得到解决，试点区内黑臭水体、内涝积水点基本消除，基本实现了"小雨不积水、大雨不内涝、水体不黑臭、热岛有缓解"的预期目标。

探索中前行　实践中创新　总结中提升
—— 鹤壁市海绵城市建设取得预期成效

（来源：河南省人民政府官方网站，2019年4月10日）

作为全国首批海绵城市建设试点城市，鹤壁除了落实绿色生态理念推进城市转型，还担负着为本市乃至更广区域探索可复制、可推广经验和模式的重任。

虽然申报成功，但如何建设海绵城市，真正做起来并不容易。历时3年多时间，鹤壁市在摸索前行、实践提升的过程中，按要求如期完成试点建设，取得了良好的社会效益和经济效益，并总结出雨污分流、内涝治理、跨地块雨水协调控制等六方面的经验与做法。

1. 雨污分流改造模式：源头控制，雨水地上流、污水地下走

雨污分流是一个全国性难题，鹤壁市以海绵城市建设为契机，对试点区内的雨污合流管网进行了全面改造，探索出一些办法和经验。

市海绵办负责人刘尚海介绍，原市规划局大院占地面积2600m²，在改造前为雨污合流模式。通过采用"雨水地上流、污水地下走"的改造方式，在地表用线型排水沟代替传统雨水管线，将现状合流制管线保留为污水管，并结合雨水源头控制新建线型排水沟作为地表雨水转输和排放管线，既保证了效果又节约了成本。

"对于'洉水乱倒'以及阳台洗衣排水进入市政雨水管网问题，通过设置截污纳管和防倒流装置加以解决。"刘尚海介绍，归纳起来主要有5个方面：源头优先采用雨水走地表、污水走地下的方式；小区将合流管作为污水管，新建雨水收集系统；道路将合流管作为雨水管，新建污水收集系统；末端通过截污纳管控洉水，并设置防倒流装置；接口位置由主管部门审批，防止产生新的混接。目前，这种改造模式已在包括市水利局、市农业农村局等单位的10余个项目中得到推广应用。

2. 平原地区内涝防治：雨水排放口收水范围不超2km²

城市建设中排涝空间的保留和保护是保障城市排水安全的根本，也是海绵城市改造的一项重要内容。

"很多平原城市出现内涝，和雨水排放口的汇水面积、收水范围以及路面出现积水后不能顺利排放至水系（或绿地）有直接关系。"市海绵办工作人员王磊说，鹤壁市采取排涝空间有预留、排口密度有约束、超标径流有通道、风险应对有预案等措施，显著提高了试点区排涝能力。

例如，在华北地区的降雨特征下，平原城市的雨水排放口收水范围原则上不宜超过2km²，鹤壁市将此条纳入设计强制性条款；在道路低洼点设置超标径

流入河或入绿地通道，人行道开槽引流，有效避免了城市道路积水。

3. 跨地块协调控制雨水：利用公园绿地收水，降低改造成本

在试点区域还有一部分新建项目，如商场和住宅小区，因其绿地率低、地下空间开发比例较高等原因，致使海绵化改造难度增加。"解决这些问题，就要通过建立跨地块雨水协调控制机制，利用周边公园绿地实现雨水控制，降低改造成本。"刘尚海说，市海绵办发布的《关于区域雨水排放管理制度》中明确提出，对于上位规划确定的雨水排放协调控制类项目，公园绿地的建设单位为责任单位，建筑小区应主动配合，提供项目的雨水管渠布置等信息，并逐步建立雨水排放协调控制的付费制度。

据了解，鹤壁市海绵城市建设利用桃园公园、淇河调蓄塘、福田游园景观水池、护城河调蓄塘等区域，收集周边小区和道路汇集的雨水，从而减少了建设带来的扰动等影响。

4. 政府主导技术创新：出台创新激励机制，激发市场活力

在市委、市政府的鼓励和主导下，一些机构通过技术创新，探索出了具有鹤壁特色的海绵城市建设模式。试点初期，鹤壁市便出台创新激励机制，明确奖励政策。推进过程中，市海绵办和鹤壁海绵城市建设管理有限公司的工作人员成为创新主体，结合鹤壁市实际情况，共申请专利12项，并通过与企业建立长期稳定的合作，实现专利产品的应用推广。

为充分激发市场参与活力，鼓励发展"海绵"经济，鹤壁市出台了《关于支持海绵产业发展的实施意见》等相关优惠政策，从而推动了相关产业转型升级。"目前，我市多家商业混凝土公司已实现量产透水砖、透水混凝土等海绵城市建筑材料，促进了海绵城市建设企业的培育和发展，形成具有可复制可推广的低成本海绵城市建设模式。"刘尚海介绍。

5. 立法保障促长效推进：明确法定职责，定期督导抽查

为保证海绵城市建设不走样，鹤壁市第一部地方性法规《鹤壁市循环经济生态城市建设条例》为海绵城市建设设立专章，督促鹤壁市各级人民政府及有关行政主管部门认真履行法定职责，严格依法办事；建立人大定期督导、督查制度，定期（每年一次）抽查各地区建设项目，确保法规有效实施。

有了规矩，就应该遵守规矩，按照规矩办事。鹤壁市实行目标责任制，建立领导干部离任循环经济和生态环保工作评估审计机制，明确要求相关单位未按照海绵城市雨水控制与利用工程的规划、设计和建设的，要限期改正或追究相关人员的责任。

6. 城市知名度和美誉度提升，拉动第三产业发展

鹤壁市成为全国海绵城市建设试点市以来，郑州、洛阳等省辖市以及陕西、山东等省一些城市的考察团先后到鹤壁市考察学习。海绵城市建设提升了鹤壁市的知名度和美誉度，已成为鹤壁市又一张城市名片，不仅刷新了城市"颜值"、展示了城市形象，还为鹤壁市转型发展提供了强劲动力。

截至目前，鹤壁市共实施了273项工程建设项目和3项配套能力建设项目，实际总投资33.42亿元，投资完成比为102%。其中，利用国家资金12亿元、地方配套资金8.87亿元、PPP投资10.2亿元，其他形式社会投资2.35亿元。鹤壁市共孵化相关企业10家，带来就业岗位约1.3万个，实现财政税收约2.8亿元。

　　海绵城市建设和投资，有效拉动了鹤壁市第三产业的发展。根据2014年至2018年鹤壁市国民经济和社会发展统计公报相关数据，全市第三产业比重从2014年的17.9%提升至2018年的28.1%。

　　"海绵城市破解了鹤壁由资源型城市向生态型城市转型过程中的发展瓶颈，也为其他同类型城市转型发展提供了宝贵的经验和参考。试点验收，代表着一个阶段工作的完成，更代表着下一阶段工作的开始，海绵城市建设将成为鹤壁高质量发展进程中的'新常态'。"市海绵办负责人刘尚海说。

高质量建设海绵城市打造能示范的"鹤壁模式"
——鹤壁市海绵城市建设试点城市探索之路

（来源：河南省人民政府官方网站，2018年12月10日）

2018年12月7日，中国国际电视台英语新闻频道改革开放40年特别报道《直播中国》栏目在鹤壁市桃园公园直播，将鹤壁市海绵城市试点建设情况等面向全球160多个国家和地区现场直播，时长20多分钟，又一次向全球推介鹤壁。

"近几年，除了城市运转的各项功能日趋完善，海绵城市建设发挥的作用也越来越明显。"12月7日，鹤壁市住建局总工程师刘尚海介绍。作为全国首批海绵城市建设试点城市，3年来，通过全面落实海绵城市理念，鹤壁市在高质量建设海绵城市中走出一条独具特色的探索之路。

1. 摸清本底，城市应对内涝更有底气

"以前下大雨，出不了门，雨水快把楼道口路缘石给淹没了，真怕倒灌进来。"淇滨区淇河路西段建行北院小区居民戴尽卿对小区海绵化改造感触颇深。

建行北院小区建于20世纪90年代初，属典型的老旧小区。今年春天，小区开始海绵化改造：绿地下沉后设置了雨水花园、旱溪、溢流井等海绵化设施，路缘石设开口导流雨水，在楼房雨落管口增加雨水罐……动工之初，部分居民意见较大，认为改造管不了多大用。几场降雨后，小区没了积水，大家高兴极了。附近小区居民来参观，大家羡慕得不得了。

据了解，鹤壁市多年平均降雨量为664.9mm，年内分布极不均匀，主要集中在6至9月，降水量占全年降水量的70%~80%，其中7月份尤为突出。城市建设中也面临水资源极度短缺、地下水位下降等问题，现有水系及调蓄设施作用不能充分发挥，存在遇大雨积水、雨过后缺水等现象。

2015年海绵城市建设以来，鹤壁市将整体规划和局部突破相结合，对市政道路、公园绿地、城市水系、地下管网、建筑小区等进行海绵城市改造，治理易涝点，充分发挥蓄、滞、渗、净、用、排功能，使城市应对暴雨天气更有底气、更加从容，两年多来没有发生明显内涝。

建设海绵城市，不仅抗涝，还可有效回补地下水，对水资源保护意义重大。据有关数据显示，2015年至2017年，鹤壁采取海绵城市建设、关闭自备井、农业节水灌溉等措施，海绵城市试点区域地下水位止降回升，2017年地下水位较2015年上升1.52m。试点区域地下水位稳步回升，对全域推广海绵城市建设具有重要的示范意义。

2. 技术创新，探索治理黑臭水体等实践经验

海绵城市建设没有先例可循，鹤壁市大胆尝试，在理念、模式、方法上创

新，探索出一些符合自身实际的实用技术，解决了一些普遍存在的难题。

水体黑臭、刺鼻难闻，城区的护城河一直饱受诟病。致使水质恶化的一个重要原因，是雨水、生活污水合流后大部分直接排入河道。

"解决水体黑臭，需要一套对雨污水从源头管理、过程控制到末端治理的系统工程，通常做法是进行雨污水分流改造，但改造中存在新建管线管位难以落实、分流过程中产生新的管网混接、临街商铺污水容易排入雨水管网等问题。"市住建局技术科科长刘金锋说，鹤壁市结合海绵城市建设，通过技术创新，有效地解决了以上问题。

地上交通繁忙，地下管线纵横交错，还要尽可能降低对群众生活的干扰，如何再铺设一条管网进行分流改造呢？

"源头控制采用的是'雨水地表、污水地下'的分流方式，过程控制主要采用地下顶管技术铺设管网，涉及的区域主要有小区和市政道路。"刘金锋说，小区改造采用"合流管保留为污水管，新建线型排水沟等雨水收集系统"的方式，市政道路改造采用"合流管保留为雨水管、新建污水收集系统"的方式，避免了管网混接、破坏路面，还减少了工程量。针对商铺将生活污水排入雨水管网的问题，鹤壁市的策略是在末端环节把收集的污水截流至雨水管入河之前的污水检查井，同时采取防倒流措施，杜绝污水入河。

为了防止新建雨水管线与市政排水系统错接，致使雨污水分流不彻底，鹤壁市要求接口位置由主管部门审批，并由市政管理人员会同施工单位现场明确施工方式。

此外，鹤壁市海绵城市参建者加强基础研究，已研发成功实用新型专利技术12项，其中新型大小雨水分流井、雨水分流式阻污防逆流排放装置、屋面限流雨水口等技术，在新世纪广场、市教育局、三和佳苑小区、鹤壁高中等建设项目中示范应用。

"咱市的海绵城市建设因地制宜，非常合理和人性化，效果也特别明显，现在还得到了中国国际电视台英语新闻频道的报道，真是为美丽鹤壁这张名片增加了光彩呀。"市民孙舒婷发出这样的感慨。

3. 立法保障，试点区域外群众共享绿色福利

"之前人行道破损得比较多，虽然时不时修修补补，但遇到下雨天，还是有不少坑坑洼洼的地方。"家住淇滨区华山路北段半坡店社区的梁女士说，今年5月份华山路人行道海绵化改造后，不仅路面变得宽阔平整，下雨行走不湿鞋，绿化带景观也漂亮了。

据了解，鹤壁市海绵城市建设试点范围为：新城区西起107国道，北到黎阳路，东至护城河，南邻淇河，总面积约29.8km²。而梁女士提到的华山路北段人行道海绵城市改造已经超出试点建设范围。不仅如此，黎阳路以北的桐花巷、迎春巷等背街小巷同步进行了海绵化改造。

试点区域外的群众共享海绵城市建设带来的绿色福利，得益于鹤壁市具有

地方立法权后出台的第一部地方性法规——《鹤壁市循环经济生态城市建设条例》。该条例第五章节专门对海绵城市建设从规划、建设、管理、运营维护等全生命周期提出明确要求，第三十二条特别指出，本市区域范围内新建、改建、扩建工程应当进行海绵城市雨水控制与利用工程的规划设计和建设。

"《鹤壁市循环经济生态城市建设条例》于2016年12月1日实施，一方面使鹤壁市海绵城市建设有了法律依据，整个过程实现了标准化、规范化、程序化；另一方面对城市道路、广场、公园绿地等城市基础设施建设提出了要求、指明了方向，对提高城市建设水平具有促进作用。"市海绵办工作人员马宇驰说，通过立法保障，鹤壁市将海绵城市建设理念变成长期坚持的基本政策和要求，对各级、各部门提出了考核要求，相信未来海绵城市建设带来的多种效益就会显现。

鹤壁市海绵城市试点建设实现雨水最大化利用

（来源：人民网，2018年7月31日）

　　海绵城市，就是下雨时能吸水、蓄水，防止内涝；干旱时，将水释放加以利用。7月26日和27日，记者到部分海绵城市试点项目实地采访时了解到，鹤壁市海绵城市试点建设实现雨水最大化利用，除补充地下水外，雨水收集后也可直接回用，如景观用水等。

　　7月25日傍晚，一场暴雨过后，市委、市政府机关大院两处蓄水模块收集了近400m³雨水。蓄水模块是如何收集到这么多雨水的呢？市事管局综合科副科长陈广聚带记者实地了解雨水收集过程："海绵化改造后的绿地、路面将下渗不完的雨水输送到线型排水沟；线型排水沟内的雨水汇入大院南门东西两侧的雨水花园继续净化、下渗；如果雨水花园无法继续消纳，超标雨水先排入地下蓄水模块，蓄水模块蓄满后再排入市政管网。一场中雨就能将两个蓄水模块蓄满，储存的雨水通过喷灌设备用来浇灌草坪，起到了节水效果。"陈广聚说。

　　亭台楼榭、小桥流水、鱼翔浅底，市教育局办公大楼后，一处曲径通幽的中式园林景观让人眼前一亮。更令人叹服的是，蓄水模块收集的雨水汇入景观渠，浇花养鱼，实现资源化利用。"蓄水模块主要收集机关生活废水、机关大院路面雨水和屋面雨水。"市教育局办公室工作人员于年希打开水泵电子操作面板介绍，数据显示总容积为100m³的蓄水模块目前储水过半。经过海绵化措施自然净化，利用净化设备过滤、消毒后，这些干净水再抽入院内水系，补充生态用水，节省了一笔用水开支。

　　鹤壁市年均降水量仅600余毫米，将宝贵的雨水资源利用最大化，是海绵城市建设尤其是硬化面积占比较大的建筑小区（包括政府机构、学校、医院、公共建筑及居住区）海绵化改造的目标之一。"有两种途径：一是通过海绵化措施使雨水多级净化、下渗以补充地下水，实现雨水间接利用；二是雨水收集后直接回用，优先考虑用于小区杂用水、环境景观用水和冷却循环用水等。由于我市降雨量全年分布不均，以上两种雨水综合利用方式在桃园公园、鹤壁迎宾馆等海绵城市建设项目中应用较广。"市海绵办工作人员马宇驰说。

功夫在地下　收获在民心
——鹤壁"海绵城市"建设调查

（来源：新华网，2016年3月9日）

被确定为全国首批"海绵城市"建设试点之后，河南省鹤壁市注重科学规划、规划引领、统筹推进，让"功夫主要在地下"的"海绵城市"建设赢得群众点赞。

1. 功夫在地下 收获在民心

寒冷的冬天，在鹤壁市淇河大道的雨水净化与利用试验点，透水铺装的展示区吸引了不少群众驻足。

"地表下是60cm厚的种植土层，下边是30cm厚的沙土，再下边还有30cm厚的坡度砾石，最下方是雨水收集管道。"50多岁的市民老张比照着宣传板和展示区，觉得不可思议，"没想到这'海绵城市'建起来还挺不容易，乾坤都在地下啊！"这一说法，逗得围观的群众大笑起来。

在桃园公园停车场，路面上使用的透水砖、透水混凝土设计，彻底改变了雨水无法下渗、大雨就内涝的老问题。"将来如果下雨，80%以上的雨水会通过透水铺装渗透至地下，补给地下水，一部分的雨水进入蓄渗模块，经过过滤、净化后，又可以用来冲洗路面、洗车、给花木浇水等，实现区域的水循环。"市住建局建筑节能科科长马宇驰说。

在淇河湿地公园，人行道边的绿地比路面更低，这一看似不经意的设计，能有效将路面的积水排入绿地，既减少排水管网压力，又发挥植物的涵养水源功能，还减少日常花木养护费用。此外，为了减缓雨水流速而设置的梯田式种植、旱溪和植草沟，都在点点滴滴处体现着海绵城市的理念。

鹤壁位于河南北部，处在华北平原南部的最大漏斗区，地下水连续多年超采，传统的城市建设模式致使硬化地面比例逐渐提高，降雨回补地下水的能力越来越弱，地下水位普遍呈逐年下降趋势。根据地下水位监测结果，地下水埋深基本在10m以上，局部最大埋深超过40m。

鹤壁市住建局副局长郑全智说，"海绵城市"建成后，将实现"小雨不湿鞋、大雨不内涝"的目标，提高居民生活质量，对于十分缺水的鹤壁来说，也将有利于补充地下水源、修复水生态。

"试点启动以来，最可贵的变化在于观念的转变。"鹤壁市住建局局长赵成先说，"以前城市建设往往只想着加粗排水管网，结果还是排水不及，下雨就内涝，雨后就缺水。现在大家认识到，应该借助自然的力量，实现雨水自然积存、自然渗透、自然净化，减少城市开发建设对生态的破坏。"

在鹤壁街头，一些市民对记者说："海绵城市"，不仅是个时髦的名字，更是提高生活水平的民生工程，虽然工程大多在地下，但却实实在在装进了老百姓的心里。

2. 科学规划 统筹推进

2015年初，鹤壁成为全国首批"海绵城市"建设试点。鹤壁市委书记范修芳说："'海绵城市'是一项打基础利长远的德政工程、民心工程。"

为了增强工作的科学性，鹤壁强调规划引领，邀请中国城市规划设计院参与，启动了相关规划的编制和修编工作。《鹤壁市海绵城市总体规划》已经完成初稿，《城市总体规划》已完成修编，《项目规划设计导则》已编制完成，《建设项目规划建设管理暂行办法》等7项管理制度相继出台，建设管控体系得到完善。

按照建设要求，鹤壁统筹雨水的源头、输送途径、调蓄设施等方面，将任务细分为绿地广场、城市道路工程、雨污分流改造、河道治理、城市防洪与水源涵养、建筑小区六大类68项313个项目，总投资32.87亿元。

作为建设试点，虽有财政部下拨的12亿元专项资金和省、市财政资金的配套，仍有较大资金缺口。鹤壁创新机制，借助政府和社会资本合作（PPP）模式积极引导社会资本参与工程设计建设管理。目前，大部分工程的设计和招标正在进行，50余个项目已经开工建设，预计到2016年底，300多个项目将基本落地。

3. 细节标准需规范 金融支持再加力

"在目前的项目招投标工作中，出现了一些流拍现象，参与竞标的公司对设计、施工操作细节的把握仍有欠缺。"赵成先说，建议有关部门继续加大"海绵城市"理念的宣传力度，加大对于设计和施工的标准化建设。

鹤壁市淇滨区主管城建的副区长常文君说，目前试点城市的技术规范和标准不尽相同，特别是施工的细节要求相对模糊，希望有关部门能出台具体的指导标准，让工作的细节控制更加明确。

鹤壁市副市长朱言志说，在"海绵城市"建设中，仍有部分资金缺口，还需要在金融方面创新机制、继续加力。

海绵城市　生态鹤壁新引擎
——鹤壁市全力推进海绵城市建设试点工作侧记

（来源：中国建设报，2015年11月12日）

鹤壁市位于河南省北部，因仙鹤栖于南山峭壁而得名。现辖2县3区，面积2182km²，人口161万人。近年来，鹤壁市以建设生态之城、活力之城、幸福之城为目标，坚持走新型城镇化和城乡一体化道路，在城市基础设施建设、生态环境优化等方面取得了显著成效。

鹤壁市被确定为全国海绵城市建设试点城市以后，市委、市政府高度重视，成立了高规格的领导机构，建立高效运行机制；对海绵城市建设工作进行精心安排，强力推进项目建设工作；按照海绵城市建设要求，修改完善相关规划；建立健全管理制度，完善管控体系建设；建立海绵城市技术标准体系，科学推进海绵城市建设。目前，鹤壁市海绵城市建设工作已经全面启动，海绵城市建设效果已初步显现。

1. 构建"海绵体"欲引鹤归来

湿地在海绵城市建设中具有不可替代的作用，仙鹤常被冠以"湿地之神"的美誉，鹤壁与仙鹤、与湿地都有着不解之缘。海绵城市建设的理念与鹤壁城市发展战略不谋而合，鹤壁在海绵城市建设中脱颖而出，不是偶然。

一是具有良好的基础条件。鹤壁市年平均降雨量664.9mm，全市森林覆盖率达31.7%；城区绿化覆盖率达41.9%，人均公园绿地面积达到12.5m²。淇河水质常年保持在国家二类以上标准，水质在全省60条城市河流中排第一位。鹤壁市在前期规划建设中已融入了海绵城市建设理念，对河流、沟渠等自然排水空间实施了保留和保护，有利于低影响开发设施的建设。

二是具有相应的保障能力。鹤壁市财政增长速度和人均财力均居河南省前列。近年来，在基础设施和公共服务设施建设中，该市积极探索政府与社会资本合作（PPP）模式等，努力走出一条财政资金有偿使用、社会资本广泛参与的新路子。

三是具有一定的实践经验。近年来，鹤壁市成功创建全国可再生能源建筑应用示范市、国家森林城市、中美低碳生态试点城市、全国节能减排财政政策综合示范市等20多项国家级试点示范，这些都与海绵城市建设密切相关，为全市创建工作积累了实践经验。

四是具有广泛的社会共识。创建海绵城市试点城市符合鹤壁的实际需求，得到了全市上下的大力支持，编制了实施计划，一批海绵城市试点项目已开工建设，初步形成海绵城市建设热潮。

2. 发起攻坚战树立新典范

跻身全国"海绵城市建设试点城市"行列，鹤壁市来之不易、任重道远。全市上下凝心聚力、决战攻坚、不干则已、干则必成，确保顺利完成建设任务，真正发挥好引领示范作用。

科学制定规划，落实有力。一是试点范围。本次海绵城市建设试点在鹤壁市区南部，总面积约29.8km²，其中建成区面积24km²，约占80%，在开发、待开发5.8km²。二是实施目标。总体目标为：主城区年径流总量控制率不小于70%。建成区按照渗、滞、蓄、净、用、排，建成区外按照防洪标准、水源涵养，分类细化具体指标。结合现状存在的重点问题，目标导向与问题导向相结合，确定试点区域近期建设任务。三是试点项目。针对鹤壁在城市水安全、水环境、水资源等方面的突出问题和建设需求，因地制宜选用低影响开发设施类型，从源头实现径流总量的控制。建设任务包括六大类68项317个，其中：绿地广场类项目24项，城市道路工程项目11项；雨污分流改造类项目6项，河道治理类项目10项，城市防洪与水源涵养类项目5项，建筑小区类项目12项。

高站位统筹，措施有力。鹤壁市坚持政府引导、社会参与，充分发挥市场配置资源和政府的调控引导作用，筑牢发展基础。一是资金保障。经过深入论证，项目概算总投资32.87亿元。通过统筹使用，用好平台，更多地采取PPP模式开展建设，拉动社会资本投入，鹤壁市有能力保障地方配套资金需求。二是建设管控。制定《鹤壁市建设海绵城市实施意见》《关于实行海绵城市建设闭合管理工作的通知》等文件，明确在不同层次规划和设计中的海绵城市管控要求。将海绵城市建设指标纳入"一书两证"、施工图审查、开工许可、竣工验收等城市规划建设的管控环节。建立城市暴雨预报预警体系，健全城市防洪应急管理机制和城市排水防涝应急管理机制。三是制度创新。拟出台《海绵城市建设项目考核指标体系》，把海绵城市建设纳入政府目标考核内容。建立按效果付费制度，奖优罚劣。同时正在与相关科研院所合作，制定《海绵城市规划设计导则》《施工技术指南》《鹤壁市海绵城市建设——低影响开发雨水工程竣工验收办法&规程》《运营维护手册》等规章，将海绵城市建设融入城市规划、建设、运营管理各方面，为其他城市提供借鉴。

3. 推进快节奏建设高标准

放眼鹤壁，一批城建项目正在变身"海绵体"，也给全市经济发展带来了新活力、新动力。淇滨区华夏南路"海绵城市"改造工程开工建设，通过铺设透水砖、设置植草沟和蓄水模块等方式增强路面的渗透能力，缓解城市内涝，同时补充地下水，实现对水资源的有效收集利用；棉丰渠"海绵城市"改造工程全面启动，正在拆除原有石砌渠底，沿渠步道将恢复成自然坡道；中央公园建设将进一步深化海绵城市具体内容，成为展现城市生态自然的新窗口。

当前，按照《鹤壁市海绵城市建设试点实施计划》，鹤壁市试点工作已全面展开，项目建设扎实推进，2015年拟开工项目57个、总投资20亿元，年内拟竣工项目38个、总投资11亿元，计划达到海绵城市要求的总面积约8km²。现已开工项目22个，包括公园绿地、市政道路、水源涵养及防洪排涝、建筑等几大类。

立足"引智引资，多争外援"，鹤壁市加快推进投融资工作，目前已开工的22个项目，总投资10.35亿元。为保障海绵城市建设，鹤壁市设立了海绵城市配套建设专项资金。同时，积极与国内大的企业联系，争取社会资金参与海绵城市建设，已与河南投资集团就PPP等项目签订合作协议，协议总金额130亿元。

围绕"PPP模式"，鹤壁市对已开工项目按照单个项目运作；未开工项目拟按照片区不同类项目整体打包，通过竞争性磋商或者竞争性谈判方式，引入社会资本，各片区实行总承包模式，推进PPP项目。

4．开创新模式展现新作为

鹤壁市海绵城市项目运作模式采取市级统一运作、事权相对分离、市区分级负担的方式进行。市级以市经投公司为主，吸纳相关科研设计单位、金融投资单位、施工以及生产制造企业等，成立项目公司，采取总承包模式，负责全市海绵城市规划设计、项目建设、资金筹措。区级也成立相应项目公司，与相关企业合作，负责区级项目的实施。

为强化组织领导，鹤壁市成立了市委书记任组长、市长和有关副市长任副组长的海绵城市建设领导小组，主管副市长兼办公室主任，11个市直部门和4个城区主要负责同志为成员。6月份以来，先后多次召开市委常委会、市四大班子联席会、市政府常务会、领导小组会等，研究、安排、推进试点工作。

坚持高标准建设管理，聘请全国知名高校和规划设计单位及雨水处理企业10名专家组成顾问团队，参与海绵城市规划、设计的研讨、审定等，为项目建设提供技术咨询和服务。同时邀请有关专家和教授开展海绵城市建设PPP项目合作专题培训，组织人员参加在杭州和清华大学举办的海绵城市建设管理培训班，到南宁、西咸新区等地学习海绵城市建设经验，以提高管理团队的建管水平。

鹤壁市十分注重海绵城市项目建设中的统筹协调，在编制海绵城市建设总体规划时，充分征求意见、反复修改完善。在城市总体规划和有关专项规划修编中，充分体现海绵城市的理念和要求。制定了海绵城市建设项目规划建设管理办法等9项制度，把海绵城市项目列入市重点项目和政府目标考核。在规划和相关手续办理上，既坚持合法合规又注意从简从宽，做到于法周延、于事简便。

鹤壁市还通过联审联批、成立重点项目督导组等措施，为项目打造一流建设环境。通过市领导和海绵城市领导小组办公室经常到华夏南路改造、淇水大道拓宽改造、桃园公园等试点项目实地察看和督导，促使各责任单位根据项目实施进度要求，对照考核指标，严格按照海绵城市建设要求，抓紧落实，积极推进，确保项目按时完成。

鹤鸣九皋，声闻于天。鹤壁市下决心、下功夫推进海绵城市建设，凝聚全市力量和智慧，比投资、比进度、比服务、比成效，共同把这项工作做好，让人民群众早日享受到更多实实在在的发展成果。

建设淇水之滨人水和谐新城
打造华北地区海绵城市典范

（来源：中国建设报，2018年2月6日）

党的十九大报告指出，建设海绵城市，让城市"呼吸"起来，这正是对建设美丽中国的生动诠释。作为河南唯一、全国首批16个海绵城市建设试点城市之一，鹤壁市坚持以《海绵城市建设技术指南》和《关于推进海绵城市建设的指导意见》（国办发〔2015〕75号）为指引，大胆探索实践，将其作为引领城市转型发展、提升城市整体品质和增进群众福祉的一项重要工作，开启项目竣工"加速度"，向财政部、住建部、水利部三部委规定的试点建设期限全力冲刺，着力探索总结鹤壁经验模式，打造华北缺水地区海绵城市建设典范。

1. 摸清本底谋长远，切实解决水环境突出问题

鹤壁市位于河南省北部，太行山东麓向华北平原过渡地带，因相传"仙鹤栖于南山峭壁"而得名，因最早发现并开采煤炭资源而出名，又因北方地区流经城市唯一没有受到工业污染的河流——淇河及淇河文化而扬名。这里文化底蕴深厚、自然风光秀丽，《诗经》中有39篇描绘淇河沿岸秀美风光和风土人情，有坐落在大伾山上的全国最早、北方最大的北魏大石佛，有延续1600多年历史、被称为"中华第一古庙会"的浚县正月古庙会，有鬼谷子王禅隐居授徒、著书立说的云梦山"中华第一古军校"，还有封神榜故事发生地古灵山，医圣孙思邈采药炼丹的五岩山等。近年来，鹤壁市委、市政府坚持把生态文明作为城市第一定位，系统推进绿色、低碳、循环、海绵、节约"五个城市"建设，深入实施"五林共育""五水共治""五气共管""五边共美""五节共推"，先后成功创建国家森林城市、国家卫生城市、国家园林城市、全国首批循环经济示范市创建城市、国家节能减排财政政策综合示范市、北方地区冬季清洁取暖试点市等10多个生态环境方面的国字号"名片"，这些都与海绵城市建设密切相关，为我们建设海绵城市提供了良好的生态本底和实践基础。

但受历史原因和地理条件影响，鹤壁在城市发展进程中也存在一些亟待解决的"城市病"，水环境问题尤为突出。一是水资源短缺。鹤壁属于典型的北方缺水城市，雨季集中在7、8月份，多年平均降雨量664.9mm，人均水资源量仅为205m³，约为河南省人均水资源量的1/2，全国人均水资源量的1/10；由于水资源缺乏导致农业用水、工业用水大量采用地下水，地下水连续多年被超采，致使地下水降落漏斗现象严重且呈逐年下降趋势，浅层地下水埋深一般在10~20m左右。二是内河水环境差。主城区北部区域城市排水系统不健全，雨污未能实现分流，截污干管能力偏小，存在着较为严重的溢流污染；棉丰渠、

护城河、天赉渠等城市内河水质相对较差。三是局部排水不畅。随着城市建设不断发展，部分排水明渠被改造成暗渠或暗管，造成过流断面大幅缩小，形成"卡脖子"现象，影响强降雨时径流雨水的顺利排放，易出现内涝积水。2015年4月，鹤壁市被确定为海绵城市建设试点市后，针对城市水安全、水环境、水资源、水生态等方面存在的突出问题，按照"节水优先、空间均衡、系统治理、两手发力"的治水思路，制定出台了《鹤壁市海绵城市建设试点实施计划》，以在建、新建、改建、扩建项目为突破口加强规划建设管理，因地制宜地选用渗、滞、蓄、净、用、排等多种技术，推动城市发展方式的转变，统筹低影响开发雨水系统、城市雨水管渠系统、城市超标雨水系统，从而有效缓解城市内涝、削减城市径流污染及溢流污染负荷、节约水资源、保护和改善城市生态环境、维持城市水体的自然循环，实现建设具有自然积存、自然渗透、自然净化功能的海绵城市总目标。试点建设工作开展以来，共确定试点区域29.8km²，包括河道治理、建筑小区、绿地广场、城市道路、雨污分流改造、城市防洪和水源涵养六大类68项317个项目，总投资32.87亿元，其中中央财政资金补助12亿元，省财政支持1.2亿元。

2. 建章立制求突破，保障海绵城市建设因地制宜推广

"面子"是一个城市的面貌，而"里子"则是城市的气质。建设海绵城市，功夫在地下。作为一项跨部门、跨专业、多类型项目统筹建设管理的系统工程，鹤壁市在海绵城市规划标准、制度建设、管理模式、绩效考核、组织保障等方面进行了有益探索和尝试，初步形成了海绵城市建设鹤壁模式。

——坚持规划引领。按照海绵城市理念和要求对城市总体规划进行修编，修订了《鹤壁市绿地系统规划》《鹤壁市城市防洪和排水防涝规划》，聘请中国城市规划设计研究院编制《鹤壁市海绵城市建设专项规划》《鹤壁市海绵城市建设项目规划设计导则》等，形成了总规、专规、控规完整协调的海绵城市规划标准体系，为海绵城市项目设计提供了技术指引。同时，在规划大框架下抓好每个项目的设计、论证和实施，将海绵城市建设指标纳入"两证一书"、施工图审查、开工许可、竣工验收等城市规划建设的管控环节，做到标准不降低、执行不变通、效果不打折。

——打造标准体系。针对目前试点城市的技术规范和标准不尽相同，特别是施工细节要求相对模糊的现状，加大设计和施工的标准化建设，委托中规院编制完成《鹤壁市海绵城市建设技术——低影响开发雨水控制与利用工程设计标注图集》《鹤壁市海绵城市设计、施工及运营维护标准暂行规定》等标准规范，出台《关于建设海绵城市实施意见》《鹤壁市海绵城市建设项目规划建设管理暂行办法》《关于实行海绵城市建设闭合管理工作的通知》《关于加强鹤壁市海绵城市建设项目施工管理的通知》《鹤壁市海绵城市建设模式指引》等规范性文件，作为鹤壁市进行海绵城市建设的总纲和管理依据，形成与现有管理体系相融合的海绵城市建设管控制度与机制，努力探索出一套可复制、可推广

的经验和模式，切实起到试点带动和示范作用。

——加强项目管理。把海绵城市建设与现有城市改造相结合，严把项目规划、标准、进度和质量关，已建成项目不大拆大建，不浪费资金；对于新建项目，严格按照海绵城市要求进行规划、设计、施工和验收，确保海绵城市建设理念、技术和要求落实到各个环节。按照考核要求及专家意见，进一步细化规划管控各项制度，委托熟悉鹤壁实际的技术单位开展模型模拟评估、技术标准规范编制工作。认真梳理海绵城市建设投融资、PPP管理机制，明确水系PPP项目的边界和各自权责，制定科学合理的绩效考核、按效付费等制度。规范档案管理，使每个项目有迹可循、有证可查。

——强化技术创新。鹤壁属暖温带半湿润型季风气候，四季分明、温差较大，冬季最低气温在零下10℃左右，加之试点区域地势平坦，在没有先例可循的情况下，不规避、不退缩、大胆尝试，在理念、模式、方法上加以创新，探索出了一些符合自身实际的实用技术，多项申请或已确定为国家专利技术，为华北平原漏斗区水资源利用和水环境改善作出积极贡献。一是透水铺装防冻融破坏技术，在透水铺装底部设穿孔管、结构式透水砖等几种建设方式，尽快将透水铺装中的雨水排走或利用铺装的形状形成透水空间，有效降低透水铺装的冻融破坏风险。二是平原地区海绵协调达标技术，通过巧妙利用雨水口的空间，有效降低海绵设施的埋深，降低工程造价。三是雨水口臭气外溢控制技术，研制出防臭、防倒流雨水口，有效解决了雨天反冒污水、晴天冒臭味的问题。四是市政道路径流污染控制技术，市政道路的径流污染程度是整个城市所有下垫面中最严重的，在现状效果较好的道路上，结合雨水口空间采用道路雨水口初期雨水多级净化装置、初期雨水截污净化装置、初期雨水截污挂篮多级净化装置，在干扰最小化的基础上，实现初期雨水的径流污染控制。五是"零投资"屋面雨水控制技术，常规的绿色屋顶等建设成本、养护成本以及对建筑屋面的承载力要求较高，为此研制出限流式削峰雨水斗，基本为"零投资"，可实现缓流、削峰和降低管网压力作用。六是超标径流入河通道技术，城市遭遇极端降雨时，通过在人行道底部开槽、协调道路与河道两侧绿地高程关系等措施，打通路面超标径流入河路径，引导路面超标径流通过入河通道顺利排入水体，有效缓解内涝风险区的积水问题。

——注重统筹建设。为避免海绵城市建设碎片化、零散化，鹤壁市按照三部委要求，以汇水分区整体达标、整体设计、整体实施为指导原则，进行海绵城市系统化、集成化建设。按照"试点先行、逐步推开"的思路，在海绵城市试点区域基础上，坚持问题导向、扩充覆盖范围，同步推进整个中心城区的海绵城市建设工作，统筹抓好老城区汤河泗河治理、淇河上游湿地、淇河下游湿地、护城河北延段、城市污水处理厂（再生水厂）等试点区域外重点项目，确保提前达到国家目标要求。同时，统筹好海绵城市建设与其他工作，将海绵城市建设与国家节能减排财政政策综合示范市创建、淇河生态保护提升、淇河生态保护提升及城市整体水系打造等结合起来，相互融合、相互提升、相互促进。为避免出现为海绵而海绵、过度工程化、过度依赖末端治理措施等现象，在改造过程中，综合考虑地下供水、排水、污水管网和绿化景观提升等协同改造、统筹实施，避免重复建设。

——完善组织保障。坚持高位推进，成立以市委书记为组长，市长为常务副组长，4位副市长为副组长的海绵城市建设领导小组，建立领导小组例会制度，定期研究解决海绵城市建设过程中遇到的困难和问题；为确保决策科学，对较大建设项目方案提交市四大班子联席会议集体研究，并聘请10名全国知名专家组成顾问团，为项目建设提供技术咨询和服务。坚持立法保障，制定《鹤壁市循环经济生态城市建设条例》，并专设海绵城市章节，这是鹤壁市2015年具有地方立法权后，起草制定的首批3个地方性法规之一。同时，建立小组副组长联系督导项目建设制度，市长联系城市水系生态治理项目，常务副市长联系PPP项目合作及资金筹措工作，主管城建副市长负责办公室日常工作和联系市政园林项目，主管水利副市长联系建筑小区项目，主管环保副市长联系办公区项目。今年，根据三部委绩效考核意见，对海绵城市建设领导小组办公室（简称海绵办）架构、分工迅速调整，在原有综合协调组、技术审查组、资金管理组、项目监督组的基础上，增设过程督导组、宣传推广组，明确责任分工，每周召开例会，狠抓项目建设的过程督查，大力推进海绵城市模式梳理、宣传推广。

3. 试点建设显成效，收官阶段全面实现弯道超车

海绵城市建设作为一项护生态、为民生、稳增长的"三合一"工程，无论是在助力生态文明建设，还是在普遍提升人民幸福水平、拉动投资等方面，都起着至关重要的引领作用。

结合建设实际，在试点区域、试点面积、控制指标不变的基础上，按照自然化、人性化、精细化要求，将试点区域汇水分区由原来的38个调整为7个，试点项目从317个调整为268个。其中，新城区水系治理项目含7条渠段，除未拆迁段，其余渠段开挖基本成型，正在进行水工、清淤防渗、绿化种植、桥涵及海绵元素提升工作；建筑小区类项目149个、绿地广场类项目49个、城市防洪及水源涵养类项目4个、市政道路类项目52个都在紧张有序施工中，现已完成人行道铺装35.02km、道路改造5.1km，雨污分流改造类项目7个，改造约55km，已完工50km；海绵城市监测平台完成监管平台规划展示、实时数据、监测评价、项目管理等功能开发，项目管理功能已投入使用，现已录入信息近332项。结合专家意见，实行项目"回头看"制度，逐一排查已实施项目，对不符合标准要求的立即整改，同时举一反三，加强项目监管，杜绝后续工程出现类似问题。

通过近3年的努力，鹤壁在水生态、水环境、水安全及城市气候改善等方面取得显著成效。

167

——小雨积水彻底根除。目前，鹤壁市已完工项目中通过设置透水铺装、下沉式绿地等设施，基本可以实现"小雨不湿鞋"的建设目标。此外，新城区（范围大于海绵城市试点区）已全部实现雨污分流改造，同时对现状设计能力较低的雨水管线进行提标改造，目前新城区所有市政雨水管线均实现设计重现期不低于2年一遇，在遭遇管网设计重现期降雨时基本可以实现"小雨不积水"。

——暴雨季节经受考验。鹤壁市除了全部完成海绵城市试点区域内的现状内涝点改造外，对试点区域外的3处内涝点也一并完成改造。此外在排水防涝体系构建时，高度重视蓄、排结合，结合公园绿地设置调蓄塘，在道路与城市水系交叉口设置超标径流入河通道，结合水系改造在合适区域设置调蓄空间，提高城市水系排涝能力。通过从源头到末端的一系列改造措施，目前已实现30年一遇的内涝防治标准。2016年7月，鹤壁市连续遭遇2次特大暴雨，最大降雨量分别达到260mm、390mm，为历史同期所罕见。但暴雨过后不少地方路面清新、积水无见，海绵城市建设经受住了暴雨的考验，吸引了省内外50余个考察团先后到鹤壁参观学习。

——黑臭治理成果显著。鹤壁市黑臭水体治理工作严格按照"控源截污、内源治理、生态修复、活水提质"的指导思想，采用PPP打包形式进行运作。通过雨污分流改造、截污纳管、雨水排放口设置雨水净化装置等措施，目前试点区域内的护城河段黑臭水体已经基本消除，其他城市内河水质也得到了显著提升。试点区外的老城区汤河、泗河水系整治工作正在稳步推进，项目实施完工后，将实现市域范围内黑臭水体全部清零。

——热岛效应有所缓解。鹤壁市气象局于2007年开展热岛效应的监测和对比分析工作，市域内共设有5处监测站点。通过对近10年观测点的数据比较分析，结果显示2007年至2014年，由于城市建设发展较快，全市热岛效应整体呈较快增长趋势，从0.07℃增加至0.5℃，年均增长0.05℃。海绵城市试点建设以来，2015年季平均热岛效应仅增加0.01℃，2016年季平均热岛效应在2015年的基础上下降了0.06℃。

按照三部委终期考核验收标准，结合目前大气污染防治要求和汇水分区调整情况，已开展项目"三大歼灭战"行动，加快项目建设进度；各责任单位加快完善项目"两证一书"、施工图审查、开工许可、竣工验收等相关手续，加强项目资料收集、整理；技术单位抓紧编制完成适用于鹤壁市的海绵城市建设标准图集、设计手册、竣工验收规程、运行维护技术规程等标准规范；市直相关部门正在完善PPP项目投融资机制、绩效考核与奖励机制建设相关内容，制定海绵城市产业发展优惠政策。可以说，近3年时间，我们在财政部、住房和城乡建设部、水利部及河南省委、省政府的大力支持和指导下探索前行，不断吸取其他试点城市建设好的做法，及时总结经验教训，补短板、拉长板、做样板，确保在收官阶段实现弯道超车。

随着中国特色社会主义进入新时代，鹤壁发展也站在了新起点、开启了新征程。下一步，我们将以自然积存、自然渗透、自然净化为重点，高标准完成全国海绵城市建设试点任务，发挥集中连片示范效应，形成海绵城市建设的"鹤壁模式"。同时，坚定不移把海绵城市建设理念贯穿城市发展各领域和全过程，新建区域全部按海绵城市要求设计施工，因地制宜搞好建成区海绵城市改造，推动率先全面小康、品质"三城"建设迈出新步伐，为让中原更加出彩、实现中华民族伟大复兴中国梦作出新贡献。

建设法治海绵样板城市　打造华北缺水地区典范
——鹤壁市海绵城市建设模式解析

（来源：中国建设报，2018年2月6日）

试点，意味着要"摸着石头过河"，但"摸着石头过河"同"盲人骑瞎马"却是截然不同的两码事。作为一种全新的城市发展理念和方式，截至目前，海绵城市建设在我国确实没有现成的完整经验模式可资借鉴，但海绵城市的实现方式和技术路径却并不缺乏，关键在于如何将"坚持规划引领、统筹推进"落到实处。

鹤壁根据《中共中央国务院关于进一步加强城市规划建设管理工作的若干意见》《国务院关于深入推进新型城镇化建设的若干意见》和《国务院办公厅关于推进海绵城市建设的指导意见》以及住房城乡建设部印发《海绵城市专项规划编制暂行规定》《海绵城市建设技术指南》《海绵城市建设绩效评价与考核办法》等文件要求，结合鹤壁的生态本底，充分发挥专家力量，以示范目标为导向，因地制宜促进人与自然和谐发展，在全国率先制定出台了《鹤壁市海绵城市建设模式指引》，对可能出现的问题事先"预警"并给出解决之道，让试点工作尤其是项目建设少走弯路，此做法值得业界关注。不仅如此，鹤壁还率先秉承坚持依法治国、依法执政、依法行政共同推进的原则，从立法层面规范海绵城市建设。该市具有地方立法权后，起草制定的第一个地方性法规便是《鹤壁市循环经济生态城市建设条例》，其中专门制定有"海绵城市建设"专章。通过十条详细规定，对海绵城市建设从规划、建设、管理、运营维护等全生命周期提出明确要求，使操作过程更加标准化、规范化、程序化、透明化、高效化。该条例已通过河南省人大批准，于2016年12月1日正式实施，为坚持全面依法治国提供了可资参考的地方实践经验和"法治海绵"样板。

1. 法制海绵

——立法有保障

该市制定的《鹤壁市循环经济生态城市建设条例》，从立法层面规范海绵城市建设。2015年鹤壁市具有地方立法权后，起草制定的第一个地方性法规便是《鹤壁市循环经济生态城市建设条例》。《条例》设海绵城市建设专章，对海绵城市规划、建设、管理、运营维护等提出明确要求。通过立法保障，将海绵城市建设的理念变成长期坚持的基本政策和要求，将海绵城市建设作为对各级政府、各有关部门的考核要求。目前该条例已通过河南省人大批准，2016年12月1日正式实施。

——规划做引领

2015 年，在《鹤壁市城市总体规划》修编过程中，增设海绵专章，在总规中明确海绵城市目标，以及年径流总量控制率等强制性指标。根据鹤壁实际特点，编制《鹤壁市海绵城市专项规划》《鹤壁市海绵城市建设专项规划（新城区）》《鹤壁市新城区城市水系专项规划》，形成了三位一体、各有侧重、相互补充的海绵专项规划体系。结合海绵城市专项规划成果，对鹤壁新区城北片区、南部片区、淇水湾商务休闲区、起步区等4个片区的控制性详细规划进行了修编和编制，在控规图则中增加地块的年径流总量控制率为强制性指标，增加年悬浮物（SS）削减率、下沉式绿地率、透水铺装率、绿色屋顶率等为引导性指标，同时结合项目实际特征，明确了绿地协调解决其他项目海绵控制目标的途径。

——规章保质量

为加快海绵城市建设试点项目施工过程管理，确保工程质量，市海绵办先后出台了《鹤壁市海绵城市建设工程管理规定》《鹤壁市海绵城市建设项目设计说明提纲暨设计指引》《加强鹤壁市海绵城市建设试点项目方案及施工图审查管理的通知》等一系列文件，明确了海绵城市建设试点项目规划、设计、施工、验收等各个环节要求和责任。为充分发挥城市规划在海绵城市建设中的龙头带动作用，探索从规划编制、规划审批许可等工作环节，建立服务鹤壁市海绵城市建设的规划管理制度，市规划局出台了《鹤壁市海绵城市建设项目规划管理实施办法》《鹤壁市海绵城市建设项目规划管控实施保障制度》《鹤壁市海绵城市建设项目"一书两证"管理制度》《鹤壁市海绵城市建设项目规划管控责任落实和追究制度》等一系列部门实施细则，结合鹤壁市管理体制，明确了全市范围内海绵城市建设项目的规划管控审核要求、手续办理流程和责任追究办法。在试点项目建设基础上，市住房和城乡建设局又出台了《加强海绵城市建设项目施工管理的通知》《简化海绵城市建设项目招投标手续的意见》《进一步加强海绵城市建设项目施工图审查管理的通知》《加强海绵城市建设项目竣工验收管理的规定》《实行海绵城市建设闭合管理工作的通知》等一系列管理办法，进一步明确了全市范围内新建、改建、扩建海绵城市项目招投标、施工图审查、施工许可、竣工验收等环节的具体流程和要求。

——标准重细节

充分结合鹤壁市气象、水文、地形、地质等本底特征，认真总结鹤壁市海绵城市试点的实践经验，经过充分的调查研究，在广泛征求意见的基础上编制完成《鹤壁市海绵城市建设项目规划设计导则》《鹤壁市海绵城市建设——低影响开发雨水工程标准图集（试行）》《鹤壁市海绵城市建设——低影响开发雨水工程竣工验收办法&规程（试行）》《鹤壁市海绵城市建设——低影响开发雨水工程运行维护规程（试行）》，为海绵城市设计、施工及运营维护提供技术保障。标准规范除包含海绵城市建设通用设施（透水铺装、生物滞留设施、雨水花园、植草沟、绿色屋顶、调蓄池、渗管等）外，也纳入了鹤壁海绵城市建设中摸索、探索出的特色设施（专利技术）。

——监管有平台

构建海绵城市监管平台，形成液位、流量、水质、温度、雨量等多指标于一体的在线监测网络，同时将海绵城市项目管理、在线监测与预警、考核评价等纳入智慧城市管理平台，实现基于海量数据的智慧管理模式，为今后城市排水防涝长效管理提供重要的监测手段与数据支撑。

——队伍成体系

经过三年的摸索与实践，鹤壁市形成了海绵办、海绵公司、设计院/设备公司的三级创新人才体系。海绵办专设宣传推广组，负责落实激励政策、引导创新成果产业化。鹤壁市成立政府主导的海绵公司，招聘近20名海绵城市相关专业的大学毕业生，负责鹤壁海绵城市项目建设运营维护全生命周期管理，同时注重对项目推进过程中的好的做法进行提炼和总结。在激励机制的激发下，在鹤壁从事海绵城市规划设计业务的中规院、中国城建院、北京城建院、上海建工、江西园艺、河南龙源、市规划院、市建筑院等设计院，以及本地的舒布洛克、盛泰科技等海绵城市设备公司成为创新的主力军，先后就海绵城市设计、施工、产品等方面申请多项适合于本地区的专利技术。

2. 建设成效

——雨水资源重复利用地下水位"稳中有升"

鹤壁海绵城市建设预计可实现年回补地下水量约1400万m^3，用于绿地浇洒及城市水系景观补水约为600万m^3，年节约水资源费约6000万元。通过海绵城市建设，一方面可基本实现试点区内地下水开采和回补平衡，基本遏制地下水位连年下降的趋势，实现地下水位"稳中有升"；另一方面对于降低城市需水量、缓解城市内河缺水等具有重大作用。

——水系环境显著改善"淇水浟浟"盛景再现

得益于上游湿地、下游湿地、两岸100～500m的防护绿地、全部消除排污口、雨水入河口设置雨水净化装置等保障措施，淇河水质常年保持在Ⅱ类以上，位列河南省主要河流水质第一名。此外，在防护绿地中建设淇水诗苑、淇水乐园等项目，重现淇河诗经文化中"淇水浟浟"的秀美景观。试点区内城市内河整治采用PPP打包的形式进行运作，总投资额为11亿元。目前，护城河段黑臭水体已经基本得到消除，棉丰渠、二支渠、天赉渠等内河的水质也得到了显著提升，海绵城市建设完成后，试点区内所有城市内河的水质将不低于Ⅳ类。

——灰绿结合系统治涝"平安鹤城"民心所向

从源头减排、排水管渠、排涝除险三个层次，通过灰绿结合，重点实施易涝点改造、构建超标径流入河通道、水系"卡脖子点"整治、打通2条断头河等项目，构建排水防涝体系，实现30年一遇的内涝防治标准。在2016年7月遭遇2次150mm以上（百年一遇）降雨时，城区局部积水点的积水均在1h以内消退，完全经受住了暴雨季节的考验，"平安鹤城"成为华北地区的美谈。

全生命周期呵护绿色项链 为水润鹤城注入持久动力

——鹤壁市新城区海绵城市建设水系生态治理工程 PPP 运作模式

（来源：中国建设报，2018年2月6日）

专家点评：

■ 杨 宁（中国PPP模式研究资深专家、中国投资咨询有限责任公司产业咨询与投资事业部总经理）：

总体来讲，鹤壁市海绵城市PPP项目的绩效考核是系统、规范的。鹤壁市秉承以"目标、问题"为导向的建设模式，力求达到最佳的实施效果，建立起了全面、合理的绩效考核体系，同时综合考虑海绵城市规范、标准、指标的持续补充出台，设计了绩效考核指标动态调整的机制，充分体现了鹤壁市对海绵城市考核的重视。

绩效考核整体分为可用性考核和运营维护期考核。可用性考核分为竣工验收考核和海绵城市效果考核，从施工质量到实施效果均有综合考量；运营维护期考核分为海绵城市效果考核、日常维护考核，强调海绵城市落地的整体效果呈现。绩效考核服务费的结算周期充分考虑了项目公司日常维护运营的合理需求，通过按季度支付尽可能降低项目公司不必要的财务支出，体现出政府对项目公司的支持，与PPP模式"合作共赢"的原则充分契合。

对项目实施阶段提出两点建议：一是要严格执行已建立起的绩效考核体系，确保海绵城市实施效果。二是重视绩效考核指标的动态调整，避免考核指标出现实质性降低的情况发生。

1. 项目概况

鹤壁市新城区海绵城市建设水系生态治理工程PPP项目（以下简称"项目"或"本项目"），实施机构为鹤壁市住房和城乡建设局，由鹤壁海绵城市建设管理有限公司（以下简称"海绵公司"）与中标社会资本合作，共同成立新的公司作为项目公司。鹤壁海绵城市建设管理有限公司成立于2016年3月，注册资本为5000万元人民币，负责对试点区海绵城市建设项目统一规划设计、统一专业标准、统一协调督导、统一考核验收，确保所有项目按照海绵城市要求进行建设，同时负责市级海绵城市试点项目建设实施。

鹤壁海绵城市建设试点范围为：新城区西起107国道，北到黎阳路，东至护城河，南临淇河，总面积约29.8km²，其中规划建设用地27.24km²，水域及生态用地2.56km²。试点区域内建成区面积约24km²，主要位于北部；在开发、待开发面积约5.8km²，主要位于东南部。实施的水系PPP项目建设范围为：棉丰渠、护城河、天赉渠、二支渠、二支渠南延、四支渠及相关滨河节点、雨水调蓄塘，长约38km，面积约3.3km²及市级项目海绵城市改造，投资规模估算110000万元人民币，建设工期为1年。包括生态护岸、岸带景观、水生植物、河底疏浚、雨污分流及合流制溢流口改造、拦水坝、滨水区海绵建设等建设内容。

2．主要产出说明

随着鹤壁城市规模的不断扩大，城市建设中也面临水资源极度短缺、地下水位下降，现有水系及调蓄设施作用不能充分发挥，存在遇大雨积水、雨过后就缺水等现象。同时，淇河作为海河流域唯一一条全河段水质达到Ⅱ类标准的河流，水环境及水源保护意义重大。目前鹤壁市在水安全、水生态、水资源、水环境等方面主要存在：城市内涝时有发生、部分河道防洪能力不足、城市"海绵"功能不健全、地下水漏斗降落严重、部分内河河段"三面光"现象明显、人均水资源短缺、农业用水严重不足、城市水体污染、存在黑臭水体现象、雨污合流、溢流污染及污水偷排现象严重、初期雨水面源污染等现状。本项目实施区域集中体现了上述种种问题，这就使通过海绵城市建设，构建城市排水防涝体系、提高河道防洪能力、恢复生态岸线、修复城市水生态系统、综合利用雨污水、整治水系综合环境、提升河道水环境质量、控制城市径流污染成为鹤壁市城市发展的需求。

为了满足上述需求，需要做到：

在水生态方面：试点区年径流总量控制率不低于70%，城市内河水系50%以上的"三面光"岸线基本得到改造，地下水位下降趋势得到遏制，试点区内江河湖库能够滞蓄雨水的容积与多年平均降水量的比值即降雨滞蓄率不低于12%，河湖、湿地等水域面积与试点区总面积的比值，即水域面积率不低于3%。

在水环境方面：试点区面源污染、合流制管道溢流污染得到有效控制，内河水系主要断面年均水质监测数据不低于Ⅳ类标准，出城断面水质主要指标不劣于入城断面。

在水资源方面：保证日降雨22.2mm时试点区场地雨水不排入市政管道，实现年均雨水资源综合利用量1387万m³以上，其中雨水收集回用量不少于21.8万m³、试点区域内雨水资源收集回用量与多年平均降雨量的比值即雨水直接利用率不低于1.1%；加强污水再生利用，污水处理厂的污水再生利用量与污水处理量的比值即污水再生利用率不低于50%。

在水安全方面：试点区2017年城市防洪标准提高到50年一遇、试点区防洪堤达标长度与规划防洪堤总长度的比值即城市防洪堤达标率为100%，淇河出现50年一遇洪水、盖族沟出现20年一遇洪水时，河道洪水不会漫溢进入试点城区；城市防涝标准达到30年一遇、试点区域内防涝达标城区面积与试点区面积的比值即防涝达标率不低于98%，发生30年一遇降雨时，试点区内干路交通不中断、支路能保证应急救援车辆通行，居民住宅和工商业建筑物的底层不进水。

到2017年末，试点区内60%以上的城区达到海绵城市建设要求，形成整体连片效应。本项目海绵城市建设，以雨水入渗利用、滞渗利用、蓄渗利用为主、鼓励低影响开发，通过生态护岸、岸带景观、水生植物、底泥疏浚、雨污分流及合流制溢流口改造、建造拦水坝、滨水区海绵建设等技术措施，实现海绵城市下雨时"吸水、蓄水、渗水、净水"，需要时"释放"的目标。

项目资金来源：海绵城市建设财政资金和社会资本资金。

项目公司股权情况：项目合作期为16年（建设期1年，运营期15年），拟采用"DBFOT"（设计-建造-融资-运营-移交）的运作方式，政府资本方与社会资本方共同出资成立项目公司，项目公司负责本项目的设计、融资、建设、运营以及移交等工作。项目总投资110000万元，其中22000万元作为项目公司的注册资本，占总投资的20%；债务融资88000万元，占总投资的80%。项目公司的注册资本金中，代表政府资本的鹤壁海绵城市建设管理有限公司出资4400万元，占资本金的20%，社会资本方出资17600万元，占资本金的80%。

3. 运作方式

项目具体运作方式的选择主要由收费定价机制、项目投资收益水平、风险分配基本框架、融资需求、改扩建需求和期满处置等因素决定。可以运用如下决策树工具分析本项目的运作方式：

项目水系河道治理工程为公共服务项目，主要包括：棉丰渠、护城河、天赉渠、二支渠、二支渠南延、四支渠及相关滨河节点、雨水调蓄塘的生态修复综合治理。建成后，主要依靠政府购买服务回收投资成本的公益性项目，通过与项目实施机构沟通与交流，采用"DBFOT"（设计-建造-融资-运营-移交）的运作模式。政府资本方与社会资本方以股权合作形式成立项目公司，项目公司具体负责项目设计、投融资、建设、运营维护、移交等，政府向项目公司购买服务，依据监测数据、环境评价等评价水环境质量状况，按可用性绩效付费。

合作期内，由项目公司具体负责本项目的设计、投融资、建设、运营维护等，向政府收取基于相关绩效指标的运营服务费用；合作期届满项目公司将按照相关指标将本项目无偿移交给政府指定机构，或者在项目公司层面由代表政府的出资方的海绵公司受让社会资本所持的项目公司股权。

4. 交易结构

投融资结构方面。项目合作期为16年，采用"DBFOT"（设计-建造-融资-运营-移交）运作方式，政府资本方与社会资本方共同出资成立项目公司，由该项目公司负责本项目的设计、建设、运营以及移交等工作。同时，项目公司通过银行贷款为本项目融资，弥补建设期资金不足。

本项目总投资110000万元，其中22000万元作为项目公司的注册资本，占总投资的20%；债务融资88000万元，占总投资的80%。项目公司的注册资本金中，鹤壁海绵城市建设管理有限公司代表政府出资方出资4400万元，占资本金的20%；社会资本通过"资格预审+竞争性磋商"的方式选择在海绵城市建设领域有丰富经验的社会资本方，出资17600万元，占资本金的80%。项目公司成立后，由项目公司通过银行贷款、基金、信托等债务融资方式进行融资88000万元，占总投资的80%，弥补建设期建设资金不足。

项目资产在项目建设期形成，项目公司对项目资产拥有所有权。在项目运营维护期，伴随着政府逐年购买服务，项目资产的所有权逐年向政府转移，直至运营期最后1年末，项目资产全部转移给政府，项目公司不再对项目资产拥有任何所有权。到此，政府通过购买服务完全回购了项目资产，项目公司应将项目无偿完好地移交给政府。

回报机制方面。本项目为非经营性、政府购买服务型项目，在运营期内政府基于可用性和绩效评价指标与运营维护绩效评价指标按年度向项目公司支付购买服务费用，即政府付费。项目公司内，政府资金一次性投入，与社会资本金同股同权取得收益，不回收本金。政府付费支付项目公司的资本金收益、社会资本的本金、银行贷款的利息、收益。银行贷款部分的收益按政府资本和社会资本的股权比例分配。

配套安排方面。相关配套安排主要指由项目以外相关机构提供的土地、水、电、气和道路等配套设施和项目所需的上下游服务。本项目的配套安排主要有以下几个方面：

项目用地。本项目为非经营性的基础设施、公共服务类项目，土地的使用具有公益性质，且3.3km²的土地均为城市建设用地，均为濒临河道、沟渠的闲置空地，按相关法规要求，其范围内无补偿、补助类项目。本区域土地将由政府借给项目公司无偿使用于本项目建设，政府拥有该土地的所有权，项目公司对该土地只有使用权，无所有权，且对土地的使用应符合本项目的建设要求。

土地使用期限与特许经营期保持一致。项目公司有权在特许经营期限内独占性地使用特定土地进行以实施项目为目的的活动。如特许经营期依照相关特许经营协议的规定延长，则政府方应确保项目公司使用土地期限相应延长。在对土地使用的限制方面，项目公司的土地使用权受特许经营协议的约束，并要遵守《土地管理法》等相关法律的规定。项目公司无权将土地转让、出租及抵押，且未经实施机构同意不得用于任何与本项目的建设、运营无关的用途。

水、电、气等配套设施。通常情况，政府方授权项目公司负责项目建设、运营期间厂外供电、厂外供水、进厂道路等的配套工作，以保证本项目在建设、运营期间正常的生产和生活，政府不再单独做此项工作。

5. 运营和维护

在项目运营期内，项目公司应按照国家有关技术规范、行业标准的规定，对本项目设施提供包括管理、维护在内的相关服务，确保本项目设施正常使用。

绩效评价与付费。鹤壁市财政局会同发改委、建设局等职能部门，建立多方参与的综合性评价体系，对本项目的绩效目标实现程度、运营管理、资金使用、成本费用、公共产品和服务质量、公众满意度等进行绩效评价并将结果依法公开。绩效评价结果将与政府购买付费挂钩，具体绩效评价框架如下，请相关部门将所需评价指标充实到绩效评价框架中去。

本项目从全生命周期成本来考虑，分别设置了可用性绩效考核指标、运营维护期绩效考核指标，并从不同的方面量化各个指标。

可用性绩效考核。本项目可用性绩效考核的目标为项目竣工验收通过。可用性绩效指标从质量、工期、环境保护、安全生产等方面考量，并将其作为竣工验收的重要标准。

运营维护期绩效考核。在运营维护期内，政府主要通过常规考核和临时考核的方式对项目公司服务绩效水平进行考核，并将考核结果与运维绩效付费支付挂钩，以运维服务的优劣决定运维绩效服务费的多寡，能够有效激励项目公司提高服务水平。

将运行维护风险转移给社会资本，可以倒逼社会资本在建设环节提高工程质量。项目将运行维护服务费金额锁定，且与绩效挂钩，社会资本为防止后续维修保养成本严重超支，有积极性保证工程质量。

本项目建设期不支付费用，运营期由政府按本项目的磋商文件和社会资本的投标文件计算本项目的年度运营管理费，在运营期内，政府每月向项目公司支付运营管理服务费。

运营管理服务费按绩效付费，即政府按照项目公司对本项目的实际实施和运营维护效果，支付政府财政补贴费用。运营效果考核以水系为单位，以"项目考核指标表"为标准。刚性指标和弹性指标同时全部满足时，给予全部付费；任一刚性指标不满足时，不付费；刚性指标全部满足、弹性指标部分满足时部分付费。任一刚性指标和弹性指标只有满足和不满足标准，不存在中间值。弹性指标考核中，黑臭水体整治、底泥疏浚、初期雨水末端处理设施、拦水坝设置所占的比例分别为30%、20%、20%、30%。

政府根据上述绩效考核结果，会同相关部门对项目公司运营成本进行核算。

运营管理服务费的确定：按磋商文件约定经国家审计审定的设计费、工程费及其他费用。运营期第二年期满接受国家审计的运营成本。不高于社会资本投标文件所报的投资回报率。运营管理服务费的绩效考核结果。政府只支付项目公司上月的运营管理成本。运营管理费核定后，当月成本由政府在下月支付。

本项目合作期届满的项目设施的移交。本项目合作期（16年）满后，项目公司应向鹤壁市建设局或政府指定机构完好无偿移交本项目管理经营权。在项目合作期期满前36个月，鹤壁市建设局或政府指定机构和项目公司应共同成立移交委员会，负责过渡期内有关项目合作期届满后项目移交的相关事宜。

本项目部分的移交范围、移交标准、移交验收程序、移交日项目设施的状况、保险的转让、承包商的责任、合同转让、技术转让、培训义务、风险转移、移交费用等具体条款将在《PPP项目合同》中约定。

项目合作期的终止。项目合作期届满，项目经营权终止，项目公司应将本项目设施完善完好无偿移交给鹤壁市建设局或政府指定机构。发生鹤壁市建设局与项目公司中任何一方的严重违约事件，守约方有权提出终止。如果因鹤壁市建设局严重违约导致《PPP项目合同》终止，并给予项目公司相应补偿。如果鹤壁市建设局因公共利益需要提前终止《PPP项目合同》，给予项目公司相应补偿。因不可抗力事件导致各方无法履行《PPP项目合同》且无法就继续履行《PPP项目合同》达成一致，任何一方有权提出终止。提前终止后的具体补偿原则和补偿标准在《PPP项目合同》中明确。

争议的解决。当执行《PPP项目合同》时，协议双方存在无法通过协商或调解方式解决争议的情况下，采用仲裁的方式解决争议。

6. 监管架构

监管架构主要包括授权关系和监管方式等。授权关系主要是政府对项目实施机构的授权，以及政府直接或通过项目实施机构对社会资本的授权。监管方式主要包括履约管理、行政监管和公众监督等。应划清政府行政监管部门的监管边界，明确监管范围，强化监管效果，做好政府服务。

授权关系。本项目的授权关系分为两个层次：一是政府对于行业主管部门的授权，即鹤壁市人民政府对鹤壁市住房和城乡建设局的授权；二是社会资本方确定后，行业主管部门对项目公司进行特许经营的授权，即鹤壁市住房和城乡建设局对项目公司进行上述项目的特许经营权的授权。

监管方式。履约管理方面，履约管理主要方式是合同控制。为保证项目公司严格按照特许经营权的范围履约，授权方可根据合同内容对项目公司的设计、融资、建设、运营、维护和移交等进行义务定期监测，并对项目产出的绩效指标编制季报和年报，并报财政部门备案。履约管理在合同控制中主要体现为履约条款及履约担保。在PPP项目合同生效后，由项目公司向授权方出具可接受格式的履约保函，以保证项目公司履行本协议项下建设、运营维护项目设施等的义务。项目公司在合作期内应保持保函数额的固定性及保函的有效性。

行政监管方面。政府的行政监管分为两个阶段，一是对项目采购的监管；二是项目建设、运营、移交时期的绩效监管（包括质量、服务水平和财务等方面的监管）。项目采购实施阶段严格按照《政府采购法》以及财政部《政府和社会资本合作模式操作指南（试行）》《政府采购竞争性磋商采购方式管理暂行办法》等相关规定，按照"公开、公平、规范"的原则实施PPP项目社会资本的选择。项目运营阶段，会同行业主管部门（鹤壁市建设局）、项目实施机构对项目进行中期评估，重点分析项目运行的合规性、适应性、合理性，科学评估风险，制定应对措施。项目移交阶段，会同行业主管部门（鹤壁市建设局）、项目实施机构按合同规定对PPP项目进行整体移交，做好资产评估、性能测试及资金补偿工作，妥善办理过户及管理权移交手续。鹤壁市推进海绵城市建设领导小组办公室是鹤壁海绵城市建设监管主体，鹤壁市财政局是政府投资资金的监管主体。政府将协调各行政监管主体的行为，保证监管效率的实现。鹤壁市财政局会同发改委、建设局等项目主管部门，加强对项目公共产品或服务质量和价格的监管，督促社会资本严格履约，保证项目合作期内，政府监管职责不缺位。在PPP项目合同中建立质量水平与政府购买服务支付的联系，规定达到可用性绩效评价指标及运维绩效评价指标才能予以支付。并对低于质量标准的行为处以经济制裁，情节严重者给予收回特许经营权的处罚。

社会监督体系设立方面。社会监督体系的建立，不但体现了公众参与的公平、公正，更是公共项目监管机制良性发展和构建和谐社会的必然需要。为促使项目公司自觉提高产品和服务质量，鹤壁市政府将在政府网站向社会公示监督检查的结果，接受公众监督。

7. 财政补贴测算

本项目需要政府支付运营费用支出，属于"政府购买"模式，在项目运营期间，政府承担全部直接购买责任。项目全部建设成本为110000万元；年度运营成本按照为投资总额的3%假设，即3300万元，平均分摊至各运营年份。运营期为15年时，运营成本为220万元/年；本项目假设合理利润率为7%；本项目采用加权资本成本法计算折现率。年度折现率参照央行5年期以上银行贷款利率4.9%、社会投资人合理收益率7%以及政府资本与社会资本在项目公司中所占股比进行计算，经计算所得年度折现率为4.34%。经测算，本项目全投资内部收益率5.83%。

创新驱动出"神器" 海绵技术添动能
——鹤壁海绵城市建设技术研发结硕果

（来源：中国建设报，2018年2月6日）

创新是引领发展的第一动力，是建设现代化经济体系的战略支撑。这也是习近平总书记强调指出"不创新不行，创新慢了也不行"的关键原因之一。党的十九大报告更是明确要求"加强应用基础研究，拓展实施国家重大科技项目，突出关键共性技术、前沿引领技术、现代工程技术、颠覆性技术创新"。作为一种全新的城市发展理念和方式，海绵城市建设涉及的项目几乎都是重大的民生工程，而且横跨领域、部门、行业众多，更离不开创新引领，属于亟须加强的应用基础研究。而2017年12月18日～20日召开的中央经济工作会议则提出："做好民生工作，要突出问题导向，尽力而为、量力而行，找准突出问题及其症结所在，周密谋划、用心操作"，"培育一批专门从事生态保护修复的专业化企业"。对于海绵城市建设而言，新技术、新产品、新工艺的缺乏，无疑是"突出问题"，也直接决定着专业化企业能否成功培育。如何解决上述问题？会议同样给出了答案："大力培育新动能，强化科技创新"。让专业化企业真正做到手里拿着"金刚钻"——专利技术，而且不只一把，方可实现创新发展，助力海绵城市建设国家战略健康可持续发展。

正因为做到了"找准突出问题及其症结所在，周密谋划、用心操作"，作为全国首批由中央财政支持的16个海绵城市建设试点之一的鹤壁，才在创新驱动海绵城市建设过程中，取得了丰硕成果，已经成功申报国家专利和已研发成功正在申报过程中的新技术多达11项。今推荐鹤壁海绵城市建设创新探索过程中成功研发的部分"海绵技术"，供业界参考借鉴。而这些创新技术的推广应用，无疑会进一步释放该市作为海绵城市建设试点的示范效应、驱动面上改革。

1. 平原地区海绵协调达标技术

鹤壁试点区内整体地势平坦，场地坡度平均在1.5‰左右，因此在绿地中建设海绵设施用以消纳道路或小区的雨水时，海绵设施的覆土较厚，工程量大。针对该情况提出的截流式雨水口技术，通过巧妙地利用雨水口的空间，有效地降低海绵设施的埋深，降低工程造价。目前，该技术正在申请国家实用新型专利。

2. 雨水口臭气外溢控制技术

由于存在雨污管线混接的情况，试点区内部分雨水口经常发生在雨天反冒污水、晴天冒臭味等问题，影响城市的整体环境。鉴于此研制了防臭、防倒流雨水口，有效地控制了雨天反冒污水、晴天冒臭味的问题。目前，该技术正在申请国家实用新型专利。

3. 市政道路径流污染控制技术

城市降雨径流污染是淇河水环境的重大隐患，也是造成护城河黑臭水体的主要原因之一，其中，市政道路的径流污染程度是整个城市所有下垫面中最严重的。试点区近些年新建的道路，景观效果较好，绿化带不具备改造条件。在这些现状效果较好的道路上，结合雨水口空间采用道路雨水口初期雨水多级净化装置、初期雨水截污净化装置、初期雨水截污挂篮多级净化装置，在干扰最小化的基础上，实现初期雨水的径流污染控制。目前，这3项技术均已获得国家实用新型专利。

4. "零投资"屋面雨水控制技术——蓝色屋顶

建筑屋面径流量占整个城市径流量的比重很大，建筑屋面雨水的控制具有重要的作用。常规的绿色屋顶等建设成本、养护成本以及对建筑屋面的承载要求较高，鹤壁市研制的限流式削峰雨水斗，基本为"零投资"，可实现缓流、削峰和降低管网压力的作用。目前，这项技术已获得国家实用新型专利。

5. 超标径流入河通道技术

城市遭遇极端降雨时，超过雨水管渠排放能力的雨水径流会通过路面排放，传统的建设方式会道路雨水积存在道路低点（一般会于道路与河道交叉口处），而难以顺利排入河道。通过在人行道底部开槽、协调道路与河道两侧绿地高程关系等措施，打通路面超标径流入河路径，引导路面超标径流通过入河通道顺利排入水体，有效缓解内涝风险区的积水问题。

鹤壁海绵城市建设成效初显

（来源：河南日报，2016年7月12日）

2016年7月8日至9日，河南省多地普降特大暴雨，其中，鹤壁市最大降雨量达到260mm，为历史同期所罕见。暴雨过后，不少地方路面清新，难见积水，该市"海绵城市"建设成效初显。

"海绵城市"是指城市能够像海绵一样，通过建设绿色屋顶、可渗透路面、下凹式绿地、城区河湖水域和污水处理设施等，使城市在适应环境变化和应对自然灾害等方面具有良好的"弹性"，下雨时吸水、蓄水、渗水、净水，需要时将蓄存的水"释放"并加以利用。

9日上午，记者来到经过"海绵化"改造的鹤壁市桃园公园和华夏南路。在华夏南路，记者看到，这条由暗红色的透水砖铺就的"海绵"道路上，雨水落地后随之不见；在桃园公园，虽然入园通道上有一层薄薄的积水，但随着雨势的减弱，积水很快渗入地下。但在尚未完成改造的兴鹤大街等区域，记者看到很多汽车轮胎一半没入水中。

鹤壁市海绵办副主任杨剑卫介绍说："我们主要通过人行道透水铺装、绿化带设置蓄水模块、沿人行道开挖植草沟、雨污分流改造等'四部曲'让华夏南路变身'大海绵'，实现了'小雨不湿鞋、大雨不内涝'的目标。"不仅如此，"除了通过透水铺装渗透至地下，补给地下水之外，一部分雨水还将进入蓄渗模块，经过过滤、净化后，又可以用来冲洗路面、洗车、给花木浇水等，实现一定区域的水循环。"

2015年年初，鹤壁市成为全国首批16家"海绵城市"建设试点之一，也是河南省唯一入选的城市。被确定为试点之后，鹤壁将连续3年每年获得中央财政4亿元的专项补助，如果采用PPP模式达到一定比例，每年还将额外得到4000万元的奖励补助。

目前，鹤壁市"海绵城市"建设各项工作正在有条不紊地推进，计划在2017年底完成29.8km²试点区的改造工作，届时将实施绿地广场、城市道路工程、雨污分流改造、河道治理、城市防洪与水源涵养、建筑小区等六大类68项313个项目，总投资额为32.87亿元。

"成为试点以来，我们最大的变化在于观念的转变。"鹤壁市住建局局长赵成先说，"以前城市建设往往只想着加粗排水管网，结果还是排水不及，下雨就内涝，雨后就缺水。现在大家认识到，应该借助自然的力量，实现雨水自然积存、自然渗透、自然净化，减少城市开发建设对生态的破坏。"

河南多地"首法"大考交卷：鹤壁以立法形式规定海绵城市理念

（来源：澎湃新闻（上海）、网易新闻，2017年8月22日）

2016年7月29日，河南省十二届人大常委会第二十三次会议上，开封市、鹤壁市、商丘市3个刚获立法权的"新手"，分别向省人大常委会提请审查批准《开封市城市市容环境卫生管理条例》《鹤壁市循环经济生态城市建设条例》《商丘市古城保护条例》。

这是新的《立法法》以及《河南省地方立法条例》实施以后，河南省人大常委会审查批准的第一批设区市地方性法规。

据介绍，地方特色是地方立法的生命力，也是衡量地方立法质量的一条重要标准。相对于国家立法而言，地方立法的主要任务就是解决本地区的实际问题。

以鹤壁市为例，该市于1957年因煤而建。作为典型的资源型城市，鹤壁也是全国首批循环经济的试点市，近年来有很多好的经验和做法被推向全国。因此，鹤壁市将首部法规瞄准了生态环境保护。《鹤壁市循环经济生态城市建设条例》重点突出了资源再利用、节能减排等方面内容，就是希望用法律的形式将基层治理的成功经验和做法延续并固定下来。

值得一提的是，结合近年来城市内涝频发的状况，鹤壁市还将海绵城市建设纳入《鹤壁市循环经济生态城市建设条例》，以立法形式规定了海绵城市的理念、原则、规划及管理。

这些"立法新手"在"首法"大考中，不断探索追求立"良法"达"善治"，取得了良好开局，一连串社会关心的"城市病"问题得到了回应和解决。

审图号：豫S〔2020年〕034号；鹤S〔2020年〕10号；鹤S〔2020年〕11号；
鹤S〔2020年〕12号；鹤S〔2020年〕15号

图书在版编目（CIP）数据

　海绵之路：鹤壁海绵城市建设探索与实践=THE
ROAD TO SPONGE CITY IN HEBI: 2015-2020 / 马富国主
编．—北京：中国建筑工业出版社，2020.8
　（中国海绵城市建设创新实践系列）
　ISBN 978-7-112-25321-0

　Ⅰ.①海… Ⅱ.①马… Ⅲ.①城市建设－研究－鹤壁
Ⅳ.①TU984.261.3

　中国版本图书馆CIP数据核字（2020）第135457号

责任编辑：杜　洁　李玲洁
责任校对：王　烨

中国海绵城市建设创新实践系列（总策划　刘宏伟）

海绵之路——鹤壁海绵城市建设探索与实践
THE ROAD TO SPONGE CITY IN HEBI: 2015–2020
马富国　主编
　　　　*
中国建筑工业出版社出版、发行（北京海淀三里河路9号）
各地新华书店、建筑书店经销
北京锋尚制版有限公司制版
北京富诚彩色印刷有限公司印刷
　　　　*
开本：850毫米×1168毫米　1/16　印张：12¼　字数：253千字
2020年10月第一版　2020年10月第一次印刷
定价：118.00元
ISBN 978－7－112－25321－0
　　　（36098）